藍學堂

學習・奇趣・輕鬆讀

用數字說出好故事

奇普·希思 Chip Heath
卡拉·史塔爾 Karla Starr —— 著

向名惠 —— 譯

史丹佛教授的**18**堂資訊科學課，學會一流人才的數據溝通力

Making Numbers Count:
The Art and Science of Communicating Numbers

用數字說出好故事
目錄
CONTENTS

一起成為數字說書人

文｜林長揚

　　阿達是外商公司的工程師，平時工作認真，每次跨部門會議都認真地準備上台的簡報。他認為，簡報最重要的是內容精準，因此每當輪到他上台時都會秀出大量的數據，希望藉此讓其他部門的人知道他做了哪些事情、可以帶給大家什麼幫助，例如：「本次更新讓系統速度加快了 2.3574 倍」、「第二季工程部找出並解決了 573 個 bug」、「新的內部通訊系統可以節省 9/17 個人力。」

　　一開始阿達覺得自己的表現很好，但隨著一次次的會議，他發現台下參與會議的同仁大多「看起來」很認真，但眼神中仍帶著許多茫然，而且還常在會議後詢問阿達剛剛報告過的事情。這時，阿達才發現：「原來同仁都是有聽沒有懂！」

　　阿達覺得很挫折，但認真的他馬上就振作起來，他認為簡報中展現的數據太少，所以無法幫助其他同仁全盤了解簡報內容。因此阿達認真地加入更多數據，以致於投影片秀出

來都是滿滿的數字。

　　正當阿達以為終於解決問題時，他發現，會議中的同仁們連「看起來」認真都沒了，完完全全就是已經迷失、或是開始滑手機、打瞌睡，阿達心中開始慌了起來，他心想：「怎麼會這樣？」

　　我們很常聽到會議簡報或是商業簡報應該要追求精準，展現許多實際數據。但在我的簡報教學生涯中，我發現很多人都這麼做了，卻往往收不到好的回饋，也無法達到預期的效果。

　　這是因為數字不是我們天生就會的語言，而數學也不是一種直覺，因此需要花很多的腦力理解、運算，才能順利辨識資訊內容。如果沒有把數字轉化成直覺式的敘述或故事，就很容易讓聽的人左耳進、右耳出，等於在浪費彼此時間。這將導致無論是開會、提案、或銷售，都有很高機率失敗收場，喪失許多機會。

說出好故事祕訣之一：譬喻

　　而我們該怎麼改善這樣的數字溝通困境呢？

　　很簡單，只要善用「譬喻」，就能讓數字變得迷人又好懂，甚至能引起共鳴，把數字變成溝通場景的助力。

　　「譬喻」是簡報中很常用到的技巧，舉例來說，如果今天要跟一群長輩簡報，主題是「加密貨幣」，內容會提到帳

號密碼、二次驗證、數位錢包等專有名詞。可以用以下的譬喻幫助長輩們理解：

1. 帳號密碼：像平常申辦各種事項需要本人印章一樣，帳號密碼就是在網路上的印章。
2. 二次驗證：有時候蓋章不夠，還需要簽名確認，二次驗證就像是蓋章加簽名，運用多重確認來確保安全。
3. 數位錢包：這就像是銀行戶頭之外，另外還有保險箱或放私房錢的地方，數位錢包就是在網路上另一個放錢的地方。

你發現了嗎？這是用受眾平常生活中會遇到的事物，來譬喻要傳達的內容，藉此讓受眾快速理解，而數字也可以這麼做。

如同這本《用數字說出好故事》中提到的例子：「傑夫‧貝佐斯的身價達 1,980 億美元。」

這樣的數字對一般人來說是完全無感，頂多覺得「好像很多」，但如果換成以下說法：「假設樓梯的每一階都代表你在銀行有 10 萬美元的存款；那半數的美國人與世界上 89% 的人連第一階都踏不上去，因為他們存款不到 10 萬美元。如果你踏上第四階，代表已經超越了 75% 的美國人，而能踏上代表擁有百萬美元的階梯大約少於 10%。現在請穿上你最舒適的鞋子，因為你需要爬將近 3 小時才能到達億

萬富翁的身價。而如果你一天花 9 小時爬樓梯，在爬了 2 個月後，你才能到達傑夫‧貝佐斯的階梯。」

這就是用每個人都遇過的爬樓梯的感受，來譬喻財富的差距，不但更戲劇化，也能讓受眾的腦海產生畫面，能幫助理解，也能加深記憶。

如果想知道更多講解數字的方法，誠心推薦你好好閱讀這本《用數字說出好故事》，讓我們一起成為數字說書人，讓數字再也不是溝通上的障礙，而是成為溝通上的利器。

（本文作者為企業講師、暢銷書作家）

和數據成為朋友吧！

文｜劉又瑄

　　這世界上有兩種人，在對方聽不懂自己想表達的重點時，第一種人會認為是對方太笨，第二種人會「換一種方式說」。如果你是第二種人，那你會發現這本書根本就是為你所寫！

　　在暢銷書榜上，教人溝通、說故事、數據分析的書愈來愈多，但卻沒有人把這三者串在一起，並提供融會貫通的表達方法。想要「根據數據做決策」這樣的理想容易淪為口號，卻難以被落實，儘管「根據數據做決策」的思維漸漸受到企業與組織重視，甚至不斷導入各種方法和工具，但大家總是忘記「人和數據之間的關係才是最難被改變的」。在使用數據時，人們面對著冰冷的電腦、看著不苟言笑的資料庫或統計圖表，自然也把數據看作嚴肅且距離十分遙遠的東西，卻忘了這些數據最初來自我們的生活、來自這個多采多姿的世界。

　　儘管，現在「取得」數據愈來愈容易，「使用」數據也

愈來愈日常，但是「理解」數據或「喜愛」數據的人卻依舊難尋。

數據，最沉穩又有魅力的「語言」

甚至有許多對於數據的誤解、害怕和厭惡，我總是為「數據」覺得委屈，誤用或濫用的其實是「人」，而不是「數據」本身。數據一直都是人類忠實的朋友，靜靜地呈現事實，只要我們釐清每一個數據的來源和其限制，適當地理解並轉譯，它其實是當代最沉穩又有魅力的「語言」！

如何學習這種「語言」呢？比起「學習」，我想「培養」或許更貼切。

在閱讀這本書的過程中，我經歷了多次的紙上旅程，每一個舉例都從「數據」出發，到達一個「生活情境」或「想像之地」，再回到理性的「思辨」；和旅行一樣，每一次的出發都是為了回到原地，但每當我們回到原地，我們已變得和原來不同。每一次的「數據之旅」都在改變我們自身和「數據」之間的關係，一次次的出發又回到原地，我們的認知和思考模式都不斷在進化，漸漸地，我們看待「數據」的眼睛已經擦亮，我們思考與表達的方式也將截然不同。

我想這對讀者會是完全不一樣的「閱讀數據體驗」，相信讀完這本書後，你會像經歷了一場「數據之旅」，在回到日常以後，旅行的養分將持續發酵，為你和身邊的人帶來新的力量。

想像一下，如果你所處的團隊都是願意「換一種方式說」的人，那你們的工作文化會有什麼變化？

　　想像一下，當你想要說服老闆或客戶，但直接使用數據卻無法達成效果時，換一種「數據的語言」會不會讓你們之間的關係有所改變？

　　最後思考一下，你現在和數據是什麼樣的關係呢？如果和數據成為朋友，能夠善用數據的語言溝通，你的人生會有什麼不同？

（本文作者為 RE:LAB 資訊設計創辦人）

前言
學會如何解釋數字

在年幼時期，我們都因為《金氏世界紀錄》（*Guinness Book of World Records*）這本特別的書而一起愛上了數字。那本書有著一個花盆的高度及四個花盆的重量；而且用幾乎像是註解一般的小字密密麻麻的印滿了神奇的事實、故事、以及最重要的是，上面滿是**數字**。世界上最大的南瓜？重達 2,624 英磅；世界上最快的動物？遊隼（Peregrine falcon）的速度可達一小時 242 英哩。一口氣在水中做最多個前滾翻？紀錄保持人，居住洛杉磯的蘭斯·戴維斯（Lance Davis）的最佳記錄是 36 個。

這些迷人的數目代表著五花八門的驚人紀錄，為我開啟了一生對於數字的熱愛。成人的世界充滿了數字。從運動員、氣象學家到行銷專家，人們會運用數字來衡量他們的工作、達到他們的目的、並督促他人做出改變。

但世界上有如此多數字，我們往往很容易以為他人對於數字的理解比我們更深入、或是我們是否沒有學、是否腦袋不靈光，無法學會並得心應手地運用在生活中如此常見的小

東西。

　　但其實，沒有人真的了解數字。

　　任何人都一樣。

　　這就是身而為人的其中一個真理。在歷經演化之後，我們的腦袋也還是只能處理非常小的數目。我們可以一眼就認出一、二、三，而少部份的人可能也可以馬上辨識出四和五。你可以在任何一本教幼童算數的書中印證這一點；你在看到一幅畫了三條金魚的圖片時，你的大腦不用經過任何思考就會馬上大喊出：「三！」此過程被稱之為「數感」（subitizing）。早在人類發明任何計數系統之前，我們就已經有了數感。

　　實際上，大多數的語言和歷史文明，都有具體的詞彙代表數字一到五。到數在五以後，有具體名字的數字逐漸減少，而多數語言都只好使用，例如「很大」或「很多」這般模棱兩可的詞彙來形容六、七、八、或是天文數字。你可以想像若是在日常生活中，需要和一個沒有大於五的數字概念的民族溝通會有多辛苦嗎？

場景 1：

　　Q：我們有買夠多雞蛋來餵飽大家嗎？

　　A：我們買了很多蛋，可是我們人也很多。我猜晚餐時我們就知道到底夠不夠了吧。

場景 2：

「你明明說好要用很多開心果來交換我的羽毛項鍊！」

「這樣就很多啊」

「可是我指的是**超級多**啊！」

除了煩躁之外，若是你身處的文化並沒有任何數字能用來形容重要計畫，會是一個多大的悲劇。

場景 3：

「我跟你說過多少次了，要橫跨那個沙漠需要很多天，所以我們需要帶很多水！」

「我是帶了很多水啊」

「事實證明，一點都不夠！現在我們在到達綠洲之前就渴死的機率有多大？」

「呃，大概很大吧」

因此，在發展出更多的工具來計算數字時，真的是人類文明的一大躍進。首先，人類發明出算數系統（在石頭上刻出記號、在繩子上綁結、或是條碼）；接著發明出數字（455或是45萬5千元）；接著，數學和數理。然而，雖然數學文明變得越加複雜，大腦卻沒有再度進化。就算受過訓練，一路學習到大學，對於人腦來說，數學都像是使用笨重老舊的機器來執行全新的高科技軟體一般的困難：或許我們能學

會也能運作，但是數學永遠不會是一種直覺。百萬、千萬、億萬、兆、甚至天文數字等等，它們都乍聽之下非常類似，但卻代表了完全不同的狀況。而大腦天生只被傳授了一二三四五的運作模式，在那之後的所有數字，都只是「很多」罷了。

100 萬和 10 億

可以參考看看以下用來幫助人們分辨 100 萬（million）和 10 億（billion）的小小實驗：你和你的朋友都買了有高額獎金的樂透。但倘若中獎，得獎者需要在每一天花掉獎金中的 5 萬美元，直到花光所有獎金為止。你贏了 100 萬美元。你的朋友則是贏得 10 億美元。你們分別需要花多久時間才能把所有獎金用完呢？

身為一位全新的百萬富翁，你的財富其實消失的異常迅速。你在短短 20 天後便又孑然一身了。若是你在感恩節（11 月最後一個週四）得獎，在聖誕節的前一週你就會沒錢了。（很抱歉，安娜表姊，我們在幫妳買禮物之前就花光了樂透獎金。這把贈品雨傘就送給妳吧！）

但你那位贏了 10 億美元的朋友能到處花錢的日子會稍微長一些。若是她一天花掉 5 萬美元，在她沒錢之前，她可以……

慢慢花了 55 年。

這是差不多 2 代人、或幾乎 14 任總統的時間。又差不

多等於在醫院等叫號碼的時間。

10 億——1,000,000,000——也是一個數字。我們或許自認理解這個數字，因為它和任何一個其他數字一樣會出現在白紙黑字之上。但它有太多太多個零，導致我們的大腦變得一片空白。對我們來說，那代表的只剩下「很多」。因此，我們才會對它原來比 100 萬大上這麼多倍感到驚訝。

在強迫你想像每天看著朋友在 55 年的時間裡，每天花費 5 萬元之後，你是否對該數字更有概念了？它不再只是一個很大的數字，而你想用力踹你朋友一腳的羨慕嫉妒恨，是否也讓這數字更活靈活現地存在腦海中了？

這本書源自一個很簡單的觀察結果：我們若是無法將數字詮釋為更為直覺式的體驗，就會輕易地讓資訊溜走。我們往往努力不懈地努力收集正確資訊以利做出正確決定，但若是決策者對於那些數字一點概念都沒有，一切的努力也僅是白費功夫。身為數字的愛好者，我們會很替你惋惜。因為倘若無法正確詮釋數字，讓其成為有利的資訊，當人們在試圖了解最重要的事情——例如解決饑荒、抗疫、計算宇宙有多龐大、或是安慰一位失戀青少年還會再無數次的陷入戀情之中——所花費的無數努力也都是枉然。

因此，我們兩人——史丹佛商學院教授奇普和科學記者卡拉——想到應該有人出版過這類型的書來教導大家吧？

但市面上卻沒有。我們遍尋不到。市面上有教導人如何做出更精美而有說服力的圖表的書、也有教導如何製作資訊

圖表來協助大家了解複雜概念的書。但卻沒有一本關於溝通基本數理、學會如何一瞬間就能正確使用數字力的書。

因為當我們不了解數字力，我們就會懼怕。在看到數字時，半數的人會自動回答：「我是設計師／老師／律師，我是數學白痴」就好像這句話能像防止吸血鬼入侵的符咒一樣保衛我們。而另一半的人們，會在我們做簡報時加速略過數字的部份，好能安全地回到暗無天日的世界，繼續默默算數、遠離他人目光。

我們想強調的是，我們與你們並沒有多麼不同。我們只須將數字解讀為更好懂的概念，就會有更多人發現他們並不是數學白痴。畢竟，我們每天都會遇到**很多很多**的數字。我們的經濟、時刻表、交通系統、如何持家、和所有每天會遇到的一切事物，都與數字息息相關。我們可以自行決定要學習做數字相關的決策，還是繼續茫然以對。但我們卻無法避免面對數字。我們唯一能做的事，就是讓大腦嘗試去了解數字。

數字也可以是生動有趣的。畢竟《金氏世界紀錄》的目的並不是被當成死氣沉沉的教科書。它當初的目的其實是為了揭曉酒吧的賭局結果（是的，沒錯，金氏世界紀錄的 *Guinness* 其實就是做出那有著綿密泡泡啤酒的健力士啤酒公司）。

心理上的麻木感

但先言歸正傳。先來看一些有效（和無效）解讀數字的實際案例。從一則讓人感到震驚的統計數字開始看起：

> 美國政府為了鼓勵孩子們每天吃至少五樣蔬果，開始了一個名為「一天五樣」（5 A Day campaign）的宣傳計畫。麥當勞的宣傳花費比此計畫多了 350 倍。

任何讀到上述文字的人，都會認為速食界龍頭麥當勞的宣傳經費比美國政府多出太多了吧。畢竟那是我們唯一看到的資訊──350 倍看似**非常多**。我們知道速食餐飲業者有龐大的行銷經費，也知道他們花的比健康為導向的宣傳費用多了不少，但 20 倍、143 倍、或 350 倍，到底差別在哪呢？

當數字越大，我們對數字的敏感度也會越來越低。心理學家稱此現象為「物質心理上的麻木感」（psychophysical numbness）。當數字從 10 跳到 20 時，這里程碑似乎顯得很重要。但當數字從 340 同樣增加 10，來到 350 時，雖然增加的數目相同，但卻毫無感覺……這就是所謂的麻木。

這本書的目的正是想傳授數個克服麻木感的小技巧。我們相信你能使用心理學原則來幫助人們理解數字並做出正確判斷。而這就需要正確地詮釋數字。

有許多方式能翻譯不同的語言；有些方式能更有效地詮釋出原文的意義、有些方式可能更加精確、甚至有一些方式

可能更加優美。在詮釋數字時也是如此。請看以下兩個不同的詮釋上述資訊的方式：

對照組 1：

詮釋 A：	詮釋 B：
麥當勞的宣傳花費比「一天五樣」宣傳計畫多了 350 倍。	在看電視時，當一個孩童平均看到 5 小時又 50 分鐘的麥當勞廣告時，他只會接觸到 1 分鐘的「一天五樣」宣傳廣告。

　　詮釋 B 比較優秀。比起花費多少，我們在乎的重點是孩童。在轉換經費到時間後，以時間來詮釋 350 倍似乎能讓我們更進入狀況。

　　但詮釋 B 也還是有進步空間。5 小時又 50 分鐘是一段很長的時間，而孩子通常不會一次看如此久的電視廣告。在看電視時，廣告並不是連續不間斷的播放，而是夾在節目之中、不斷重播。在領悟到這一點之後，以下的詮釋 D 便包含了這樣的見解。

對照組 2：

詮釋 C： 麥當勞的宣傳花費比 「一天五樣」宣傳計 畫多了 350 倍。	詮釋 D： 若是孩童每天都會在電視上看到麥 當勞廣告，可能在這一年內只會看 過一次關於「一天五樣」的廣告。

　　用天數來計算數字似乎比較容易理解。我們知道 1 天有多長，而且也知道 1 年有多長。就連很小的小朋友也知道在每一次過生日之間，會經過**非常久**的時間。在任何時候，只要能將數字轉換成日期或天數，就能使用早就了解的單位來計算那些數字。畢竟每個人都了解日期吧。

　　（順道一提，在這本書中你會常看見如同以上標記顏色的表格和內容。這樣的表格通常會有兩種數字的詮釋方式。第一種是使用一般常見的數字呈現方式，而第二種則是使用我們的技巧來闡述數字，好讓你能更加理解並發揮數字力。我們推薦的技巧通常會出現在表格的右側。

　　　　小祕訣：若是只想要迅速翻閱本書來尋找靈感和啟發，你可以針對書中有顏色的表格並學習使用技巧。來吧，在繼續閱讀之前，迅速翻閱有顏色的表格吧。

　　關於麥當勞的數字詮釋，點出了你在這本書中將會不斷

看到的重點：雖然大腦無法即刻對「多出 112 倍」、或是「100 萬」這樣的數字做出反應，但在接受過多年教育和文化的心目中，對於這樣的數字，還是有一定的概念。因此，在將 112 轉換成時間（1 小時又 52 分鐘）或是天數（幾乎 4 個月）之後，我們還是能了解並做出選擇。在使用上述原則多年後，我們相信幾乎所有艱澀的數字都有相對好懂的類比，能詮釋為更容易記憶、使用、以及和他人討論的方式。

麥當勞的例子，出現在「如何將數字轉換為用時間表示以避免麻木」這個章節，而這僅是這本書會探討的超過 30 種闡述數字的技巧之一。每章會個別介紹一個簡單的概念，接著會用幾個關於商業、科學、或是運動的例子來解釋這個概念，並探討之間的些微差異。我們將這本書設計成幫助你詮釋數字的訓練守則；當你需要詮釋重要數字並感到困惑的時候，你也可以迅速地翻閱本書來獲取靈感。

我們是如何想出這些技巧的呢？在過去 15 年期間，奇普都在商學院教導 MBA 學生、醫生、藝術家、海軍軍官和科學家，如何讓任何創意變得更容易被人們熟記。多年以來，他不斷強調，請盡量避免使用數字。某次，有一位學生質疑了他的建議。「我在投資銀行工作；我所有的想法都與數字相關。我根本不可能逃避數字。」因此那一年，奇普新開了一門讓數字變得更加生動而有記憶點的課程。

最初的幾堂課程只能用慘不忍睹來形容。奇普給了學生一大串統計數字，並在一個小時內想辦法詮釋這些數字。結

果卻是一場災難。那些善於分析的 MBA 學生非但沒有讓數字變得更好懂，還時常使用看似毫無關係的複雜比喻。這讓數字不是變得更加難懂，就是降低了數字的重要性。

奇普不斷嘗試，希望在找出對的課程設計時，他的學生們便能學會溝通數字的基本原則。無論如何，這些是每天都在面對和使用數字的商學院學生和工程師。他並不想因為過早與學生們分享自己關於數字力的想法，而扼殺了學生的創造力。

最後，他放棄了從旁協助，並且在讓學生著手討論之前，與大家分享幾個基本原則。瞬間，學生的表現截然不同。他們不僅學會概念，還迅速找出各種應用的方式。

溝通數字的基本原則非常簡單，但並非顯而易見（雖然在了解後，你可能覺得它們非常明顯）。這些原則雖然不易找尋，但卻很容易熟記。祕訣在於你必須知道：溝通數字是有原則的，而這些原則也能廣泛地一再使用。

這門課程變成那一學期中最讓人愉悅的時光。某個學生會提出聰明的方式來詮釋某數字，接著全班都會讚歎。某一次，有一組學生（稍後會再討論到這個例子）甚至提出了完美的數字詮釋而受到了全班的鼓掌表揚！

在寫這本書時，我們廣泛地使用了各種學科。探討了心理學中的社會科學、人類學及社會學、閱讀了關於數學能力的發展（以及該能力的發展障礙）的書籍和研究報告、我們也拜讀了人類學家對於不同文化和民族如何學習和處理數字

的研究。為了尋找增加數字力的技巧，也研究了歷史、科學、和新聞學。

多年以來，這本書的原則已歷經地球上許多位最多疑而善於分析的人士（包含商學院碩士、工程學學生和紐約人）印證。只要學過基礎數學，任何人都能輕易使用這些原則；我們甚至看過中學生使用它們。

無論數學好壞，這本書的目的是幫助所有人理解數字。你可以放心，在學習這些原則時，只需要最傳統的基本計算機就能完成所有運算。

很可惜的是，這應該是第一次有人告訴你，其實數字可以、同時也應該被好好地詮釋。仔細回想一下：在學校時，我們被填鴨式的教育餵食基數（cardinal numbers）、多項式分解、以及千百種其他題目。但卻從未學習到好好的溝通這些數字。（隨堂考：請問開始工作後，哪一種技術最有用呢？）

擺脫知識的詛咒

如果你是少見的數學奇才、在孩提時代便非常熱衷於《金氏世界紀錄》，並甚至多上了很多額外的數學課程（而且還蠻喜歡那些課的），你可以從這些原則當中學到可貴的經驗。許多時候，專家們會因為太過於習慣自己的聰明才智，無法了解對其他人而言，要達到他們的程度簡直比登天還難。研究人員稱此為「知識的詛咒」，而這正是導致溝通

不良的原因。當專家需要解釋深入了解的某一區域——例如音樂家表演熟悉的某首歌曲節奏、統計學家講解讓人驚訝的圖表、或是當你的狗想引起你對於某個特殊氣味的注意而不停吠叫——這些專家們往往過度高估受眾對於該領域的認知和專業。

因為這本書的操作模式基於人類直覺，就連深為知識詛咒所苦的專家們也能輕鬆傳授他們的知識。

數學能帶領我們跨越人腦的先天缺陷，學習關於這個世界的奧祕。若能使用數學，便多了一項可貴的技能。若能使用數學、還能清楚地向他人解釋那些看似模糊不清的數字，就等於擁有了超能力。超人能透視牆壁，但你卻能讓牆壁不見，好讓大家都能看清在另一端的東西。

而對於大多數人而言，學會如何解釋數字就像是學習柔道或截拳道一樣，讓他們在面對最熱愛使用數字的人們時，有了一項防身利器。光是學會如何要求對方正確的解釋數字——例如：「你能用更具體的方式形容嗎？」、「那每個員工一天會得到多少錢？」，或是「若是這個圖表代表了我們的總預算，你可以另外單獨標出這個費用的金額是多少嗎？」——你就不至於全盤皆輸。對手再也無法用一大堆數字壓垮你了。而若是對方尚有良知，他會對擁有了一個值得的對手感到欣慰：沒想到看似文青的教授，竟然這麼懂數學！

對任何人而言，擁有了這項超能力都是一件好事。想像

幾個場景：一位經理為了爭取更多的消費者試用經費而爭執；一位科學家在試著解釋宇宙中的兩個點的位置；一位行銷人員在示範某個企畫的潛在觸及率；又或是有位教練在討論每天多練習幾分鐘的好處等等。世界正在逐漸充滿了無法用直覺理解的數字；它們會出現在每一個商業領域（從研發到客服）和幾乎所有的人類活動（無論是科學、運動還是政府機構）。

畢竟，我們生活在一個要達到成功端視於能否學會運用數字力的世界中。

第 1 部分

試著用簡單的方法
詮釋所有的數字，
　　並使用較為
簡單易懂的數字。

第 1 課
詮釋所有的數字

　　以下有個迅速發掘是否能正確使用數字的小測驗：檢查收件匣、文字檔案、或是 PowerPoint 資料夾。圈起所有看到的數字，並閱讀上下文或是前後要點，看看是否有詮釋該數字。舉例來說：

- 「就這個情況而言……」
- 「從這個角度來看……」
- 「我的意思是……」
- 「可以這樣說……」
- 「它代表了……」
- 「相較之下……」

　　若內容出現這樣的語句，那些數字應該就能幫助到你的觀點。若是沒有，基本上那些數字就如同陌生外語，而你也沒有幫讀者附上譯文。就好像在日文中我們會說：誰かに会

話に入れないと感じさせることは失礼です[1]。

　不管在美國、日本、還是世界的任何一個角落,數字都不是天生就會的語言。假如你正在填資料庫,那些數字可以原封不動、維持現狀就好。但面對任何爭論或是做簡報的場合,你有責任將數字轉換為任何人都可以理解的方式。

　在微軟研究院(Microsoft Research)有兩位強烈相信這個理念的科學家,傑克‧霍夫曼(Jake Hofman)和丹‧歌德斯坦(Dan Goldstein)。他們花了幾乎 10 年的時間來推動一項名為「角度引擎」(Perspectives Engine)的計畫。該計畫唯一目標就是:發明讓人類更容易了解數字的工具。

　微軟的搜尋引擎 Bing 每一天會帶給人們上百萬條搜尋結果。因此,角度引擎團隊想知道,假如提供人們簡單而針對當下情境的隻字片語,是否能幫助理解和記住包含數字的搜尋結果。

　他們做了很簡單的實驗:與其單純告知人們「巴基斯坦的面積是 340,000 平方英哩」,他們加入了一段簡短的「角度片語」(perspective phrase)。例如:「那大約是兩個加州的大小」。接著,在經過數分鐘至數週之後,他們會測試人們是否能記得搜尋的各種內容。

　角度片語的成效也因句子不同而會有差異。單純、使用

1　若是你在等待翻譯,在後面的內文便會提供。但在等待過程中,請牢記現在看不懂內容的感受。

人們較熟悉的州或國家，能得出較好的記憶成果。但是，**所有的**片語都比沒有片語來的好。就連不太好使的片語，都比單純只有數字來得有效果。

　　事實上，在嘗試回想當時搜尋呈現的內容時，僅僅加入一則角度片語便能將錯誤率降低至五成。當然了，這並不代表人們猜對了所有內容；錯誤依然很多，但至少人們並不是盲目的亂猜，而是相當接近正確答案了。

　　光是花些心思將數字翻譯成容易懂的內容，正確率基本上就能加倍。這是一項十分驚人的成果。換個角度來想，某家公司財務長要如何在法說會上向股東解釋關鍵指標，或是歷史老師要如何教學才能讓學生對歷史真相更感興趣？若是了解數字，可以自己很輕鬆地完成這些事情。詮釋數字並不止是一個控管品質的超強工具，它甚至能幫你建立穩健的關係。不了解數字時，不僅是不了解那個數字的意思，同時也會覺得和正在進行的簡報距離非常遙遠。有可能乾脆放空並錯過台上想表達的內容。更糟的是，聽眾有可能會因此而遠離你，因為無法感覺到是自己人。（你看，沒想到能在一本關於數字的書看到感情建議吧！或許上高等微積分比你在約會 APP 上多年更有幫助呢！）

　　就像日文中說的：誰かに会話に入れないと感じさせることは失礼です。「讓其他人認為沒辦法加入對話，是一件

很失禮的事。」[2] 或許在早先我們沒有馬上翻譯這句話時，你也有相同感受。你或許曾在某個自以為高級的餐廳、某一場自以為了不起的晚宴、或是任何時候朋友當面討論你未參加的活動時，也曾經有過這樣的感受。

只有在大家都理解的時候，數字才有樂趣！當個好相處的人，請多多益善、妥善詮釋你的數字！

2　這並不是什麼很厲害的日文俚語，只是個重要的觀察結果罷了。

避免使用數字：
若能完美詮釋，
就無須使用任何數字

「避免使用數字」。這項建議或許會讓你感到驚訝；就像正在閱讀一本第一頁就寫道「請不要使用任何食物」的食譜一樣。但詮釋數字的目的在於傳遞訊息，不一定需要使用數字來達到此目的。

若曾從海外長途旅行回國，也能體會在機場看到使用熟悉母語的「提領行李」、「美食街」或是「出口」的告示牌時，心中湧出的欣慰感。

數學並不是任何人的母語。在最好的情況下，它也只能成為在學校學習到的第二種語言。越能不在使用數學的情況下，用一般人也能懂的語言來溝通你的訊息，就越能得到越佳的成效。

詮釋數字的祕訣很簡單，就是「不要使用數字」。請將數字轉譯成具體、生動而有意義又好懂的訊息，讓你不再需要使用數字。

下面例子是卡拉在國中的生態自然課學到的。以下的數據使用非常多數字來闡述雖然這個世界充滿了水，但只有極少量的水可以被飲用：

　　　　在這世界上，有 97.5% 的水都充滿鹽分，僅有 2.5% 是淡水。而在這 2.5% 當中，有超過 99% 的水都位於冰川或是雪地。整體而言，人類和其他動物實際上能飲用的水，只佔了世界上的 0.025%。

　　雖然上述的數據很驚人，卻並非特別有記憶點。然而，在經過了 20 多年後，卡拉使用了一個又簡單又具體的思想實驗來詮釋數字，成功記住了上述事實：

　　　　請想像一個裝滿約 1 加侖水的大水瓶。水瓶旁放著 3 顆冰塊。水瓶中的水都是鹽水，而那 3 顆冰塊代表了世界上的淡水。而人類呢，就只能喝那些冰塊緩緩融化出來的水珠而已。

　　這個例子之所以被我們寫進書裡，是因為卡拉在 20 年後仍然記得自己當時能學會這世界奧祕的驚喜、以及轉述這個比喻給爸媽、哥哥姊姊、和其他成年人聽、並欣賞大家驚訝表情的樂趣。

　　稍微休息一下，並一起給當初想出這個數字詮釋的老師

或是記者一點掌聲吧。被傳遞出來的訊息是如此簡單；它無須使用任何數字來解釋，但又如此深刻。一直到現在，還有許多在中學時聽過這個比喻的成年人引用。

若是數學不好，使用 1 加侖水瓶的比喻瞬間顯得更加親切好懂。當你看到第一組數據的許多百分比符號和小數點時，是否會瞬間感到恐慌？甚至可能放下這本書，拒絕再繼續閱讀。

然而，在水瓶的例子中，你會更有自信。這不僅是了解它的意思，更是因為你能順利向他人解釋這個例子。無須思考「那是 0.0025% 還是 0.25%？哪一個是 97.5%、哪個才是 99%？」看到的只有 1 加侖水瓶、冰、融化出來的水珠。你看，多簡單！

若是數理很強，一開始可能會對人們就這樣遺忘了那些美好的統計數據感到失望。但統計數據仍然還在啊，它們只是暫時被遮蓋起來了，好讓其他人也能感受到它們的美好。若是你了解數字和人腦運作模式，就能妥善包裝資訊，讓他人深刻地牢記這個重要的環境資訊長達數十年之久。

再來看看另一個例子：

在火星上的奧林帕斯山（Olympus Mons）是太陽系中最大的火	在火星上的奧林帕斯山（Olympus Mons）是太陽系中最大的火山。它的面積大約等於亞利桑那州或是

山。它的面積大約有
300,000 平方公里，
而高度大約有 22 公里
（12 英哩）。

義大利，而它有多高呢？若曾搭過
國內線航班，在飛機飛到一半時，
就會撞上奧林帕斯山的半山腰。

　　你或許會想用更相似的兩種東西比較；例如：奧林帕斯
山的高度是聖母峰的兩倍以上。但聖母峰對一般人而言究竟
是什麼呢？一般人會在新聞中看到聖母峰，但在生活中，認
識任何一個親眼見過聖母峰的人嗎？（若有的話，我們會了
解它的雄偉，因為那個人一定會說個不停。）

　　但搭飛機是大家都熟悉的經驗──機艙中那過濾過的空
氣氣味、狹小座位和腳下的景色一閃而過，是那麼遙遠而渺
小。想想，若是接著撞上某個不僅是在腳底下一瞬而逝、而
是飛機兩倍高度的山脈，會是一個多詭異的畫面。而若需要
花費飛過亞利桑那州（假設搭乘國內線）或是義大利（若搭
乘國際線）這麼久才能飛過山脈，那該會是個多奇妙的體
驗。想像這個奇妙經驗有助於了解火星這種陌生的環境。

　　回到地球。在 2018 年，《紐約時報》（*The New York
Times*）曾經出版了一篇長文。那篇文章使用大量數據（政
治、好萊塢和新聞學）來講述社會種種不平等。但與其引用
讓人看了頭昏的數字，他們很聰明地用了驚人對比說明這些
不平等。

僅有非常少數的《財星》美國 500 大公司（*Fortune 500*）聘請女性擔任 CEO。	在所有《財星》美國 500 的大公司 CEO 中，光是名叫詹姆斯（James）的人，就比女性 CEO 的總人數還要多。

一週後，你可能記不起來到底女性 CEO 的百分比是多少。但可以猜到大概範圍——5% 到 20% 左右？甚至可能不記得哪個名字（是約翰？大衛？還是史蒂夫？），但卻記得，光是那個名字的男性 CEO，就比所有的女性 CEO 加起來還要多。若問：「在今天的論壇中，有叫詹姆斯的 CEO 嗎？」而答案是肯定的機率，竟然比「討論會中有女性 CEO 嗎？」的機率來得更高。

在這個例子中，使用數字反而容易分心。雖然使用數據來收集資料以找出詹姆斯 VS 女性非常重要，但一旦找出了如此驚人的結果，提供在所有 CEO 中有 50.8% 是女性、或是有 1.682% 的人名叫詹姆斯，反而會讓人看不清重點。

來看最後一個關於種族不平等的例子：在某個實驗中，2 位黑人男性和 2 位白人男性都去拜訪數間公司面試職缺。他們同樣填妥求職資訊。在一半求職次數中，這些測試對象會寫下曾被判刑毒品罪，並坐牢 18 個月。

沒有犯罪記錄的情況下，34% 的白人求職者和 14% 的黑人求職者獲得面試機會；而在有犯罪記錄的情況下，獲得面試機會的比例則是 17% 和 5%。	就連有犯罪記錄、被判刑且坐過牢的白人求職者，都比沒有任何不良記錄的黑人求職者來得更容易獲得面試機會。

　　第一種闡述數字的方式似乎在說你已知道的事實：種族歧視真實存在。對於兩組求職者而言，不管有無犯罪記錄，白人求職者比黑人求職者更吃香。數字能證明。

　　但請看看右側的數字詮釋方式：你很快就能發現這不只是兩組求職者之間的差異、事實上，沒有犯罪記錄的黑人求職者的待遇，竟然會比曾有過犯罪記錄還坐過牢的白人求職者更差？

　　這項比較得以正視種族歧視築起的高牆。若你是白人，在閱讀這段文字時，可以想像若是被當成犯罪者對待，該做何感受——若求職者是黑人，獲得的對待方式竟然比犯罪者還差。這還真是當頭棒喝。

　　若沒有如此詮釋數字，可能在得出此結論之前就喪失興趣了。讀者可能只是隨意瀏覽一下數據，非常膚淺地理解之後就去做別的事了。很可能完全忽略了最強力的論點。

　　如果你認為數據很重要，請直接講重點。你應該讓受眾「看清楚」並了解數字含義，而非只是「看過」而已。

第 3 課
聚焦於一

　　讓人們看懂數字最快的捷徑就是從最基本、大家都懂的概念開始講起：一位員工、一位國民、或是一位學生。一間公司、一段婚姻、或是一間教室。一個交易、一個遊戲、或是一天。請聚焦於具體經驗：嘗試一個原型、一天、或是一季某個月。

　　若是這樣簡單易懂的設定能清楚溝通想法，那麼恭喜你！你的簡報可以收工了。

　　以下是來自美國職業籃球界的例子：

在 NBA 職業生涯的前 18 年間，勒布朗・詹姆士（LeBron James）拿下超過 35,000 分。	在 NBA 職業生涯的前 18 年間，勒布朗・詹姆士（LeBron James）每場平均得分超過 27 分。

　　我們都希望對龐大數字多加著墨。「哇，他也得太多分

了吧？」35,000分感覺幾乎像是天文數字，但27卻似乎很少。至少在乍看之下感覺不算多。

這樣的錯覺被稱作「數大即是美」。雖然無法全然了解該數字到底代表什麼，但仍然會希望數字越大越好。「像一輛公車一樣龐大」是我們下意識了解的丈量方式——我們都看過公車，也都明白它大到足夠壓扁行人。「像一個星系一樣龐大」卻少了些具體形容。雖然星系一定更巨大，但因為從未用肉眼見識過它到底有多大，相形之下，這個比喻並沒有太多的意義。（親愛的銀河，對不起啦！）

在「詹皇」詹姆斯的例子中，我們並不知道以平均來說，在一位球星的職業生涯中，總共能得到幾分。但卻知道若能在任一比賽中拿到27分，就代表那一場表現非常亮眼。不管是高中還是大學，若27是平均分數，那麼就代表了籃球實力真的非常驚人。若能在18年的NBA職業生涯中維持這樣的水準，可以說是**籃球奇才**了吧。只需要從觀察平均**一場**球賽得分就能了解到這點，這就是「聚焦於一」的好處。

在美國大約有4億支民用槍枝。	美國人口3億3千萬人；在美國有超過4億支槍械。換句話說，若是分給男女老少每人一支槍，還會多出大約7千萬支槍械。

在如此龐大又擁有許多槍械愛好者的國家，有許多槍械似乎不足為奇──至少「4 億支槍枝」看起來便是如此。讀者只會感到：「美國有**很多槍械**。」然而，在將槍支轉換為**持槍人數**，就會開始察覺美國槍械總數多到如此荒謬。這會讓我們想像每個嬰幼兒是否都擁槍自重。在搖籃旁放著散彈槍、與外甥女的公主蓬裙配成一套的格洛克手槍。甚至在此之外，還有足夠槍支組成軍隊。甚至可以讓每位現役軍人、每位陸軍、海軍、或空軍士兵，都配上 52 把槍，讓每個人都成為一座兵工廠。

在「聚焦於一」時，就能理解那看似抽象的「4 億支槍枝」了。每人配一把槍。每場籃球比賽。在思考詹姆斯在每場球賽的得分功力或是美國公民平均一人擁有多少支槍械之後，你的反應會是：「太瘋狂了吧！」對詹皇而言，那是「好」的瘋狂，但嬰兒擁槍的畫面卻是十足的驚嚇了。

目前為止，在「聚焦於一」時，我們都在設法取得平均值。但「聚焦於一」也能代表一個典型的案例分析。這並不代表平均，而是單一有代表性的個案。比起統計數據，我們的大腦更利於分析故事。

在孟加拉，有超過百萬人每天收入只有區區十幾塊錢。因為他們無法在銀行存款，在需要用錢時，這些人被迫付出誇張的天價利息（一年 100% 或更多）。

穆罕默德·尤努斯（Muhammad Yunus），一位在孟加拉的經濟教授，努力走訪了村莊的大街小巷，找出所有與錢莊有所交易的村民。這 42 位村民一共向錢莊借了 27 美元。尤努斯用大學教授的微薄薪水，借了這 42 位村民日常會向錢莊借的款項。

有一位能編織出精美竹編矮凳的女士，向尤努斯借了 22 分錢，購買當日所需的材料。因為不用付出當日借貸所要求的天價利息，這位女士能比平日多賺超過 2 分錢，還有足夠的錢能立刻還給尤努斯教授。自此，她把多賺的錢來改善家人的飲食和居住環境，以及小孩的教育環境。這樣的故事發生在多位接受尤努斯借款的村民身上。而償還率也達到 100%。

「貧困孟加拉」議題，看似太過龐大、複雜而毫無希望。雖然讓人難過，但「聚焦於一」能讓我們聚焦於問題，並看出改善問題的可能性。雖然國家的貧困狀況讓人看不到希望，但詮釋數字的方法只要使用兩步驟就能讓人看到個人行動力的潛能。

首先聚焦於村莊，其中有一個人——尤努斯——願意捐款給其他人。接著聚焦於這項善舉對一位工匠所帶來的影響，並深入了解這個過程如何扭轉了她的人生。

從該位村民的案例中，可以了解到一位借款人是如何影響到其他 41 位村民。從那位借款人，我們也能了解到大量的微經濟帶來怎樣的效應。若是能系統化的統籌這些捐款，

便能改善許多家庭的現況。假如只看整體數據，就看不見這樣的改善。

美國的國債有27兆美元。	美國的國債有 27 兆美元——以人口來算，即是每人 82,000 美元[3]。

在嘗試想像一兆這麼龐大的數字時，只會感到頭昏眼花。但「聚焦於一」能幫助了解問題癥結，並試圖改善問題。82,000 美元的確是很大的數字，但長期來看，那是一個做出聰明投資選擇就能慢慢清償的數字。

在生活中，也可能為了購屋、開公司或是為了求學借入如此多的貸款。但一個國家，有任何值得做出如此大的投資項目嗎？科學發明、與鄰國的外交、或是保衛國土？ 27 兆美元會讓眾人嚇到鴉雀無聲，但 82,000 美元卻有可能促使大家討論如何把錢花得有價值、有戰略性，而非只是讓大家恐慌。

嘗試使用原型：我們在日常生活中往往搜集過多資訊，反而被多餘的細節蓋掉了更為宏觀的視野。當你在面對一整張圖表的數字時，請試看看一次最多能吸收多少資訊。我們將練習成果稱為「原型」，意指最常出現，也最能代表該類

3　以 2021 年 11 月匯率計算，約為 230 萬新臺幣。

別的成員。例如，一想到鳥，知更鳥應該更符合大多數人心目中鳥的形象。比起知更鳥，老鷹的肩膀太寬、爪子太銳利，而紅鶴又太高、色彩太鮮艷，進食習慣又太過特殊。就更別提鴕鳥了。

　　一起來看看，若是一家販賣即食食品的商店能將它所有的市場統計資訊──包含人口和地理──都轉換成該商店的原型消費者時，能學到什麼？

我們中位數的顧客年紀大約 32 歲、已婚、有孩子；而我們 93% 的顧客都有全職工作。我們的典型客戶會有 1.7 個孩子（其中有 1.3 個是五歲以下的孩童）。她選擇購買我們的產品的三大主因是：（1）便利性；（2）熟悉的口味；以及（3）比起我們的眾多競爭者，我們的營養價值「比較 OK」。

我們的原型消費者是一位 32 歲、下班後從安親班接孩子，在回家路上順路經過的母親。她一邊在逛，一邊推著嬰兒車中 2 歲孩子，身旁跟著另一個 4 歲孩子。她需要在 4 歲小孩瘋狂伸手抓取各種他勾得到的東西之前，找到自己想要買的晚餐。當她閱讀食材成分的小字時，2 歲小孩一邊拍打她手中的餐盒。

模擬出原型消費者之後，我們建議簡化食物的包裝設計，好讓人們能更快速找到喜愛的口味。我們也建議將營養資訊的字體放大。

在第一個例子中，一大串統計資訊並不明確也無法讓人得出深刻的見解。

然而在數字被型塑成一位消費者時，便逐漸能夠感受及了解數字的意涵。也許無法對一整個行銷用的人口統計發揮同理心；但能對個人感同身受。從讀過的第一本故事書到最近看過的好萊塢電影，從小到大無數次與故事主角感同身受。但我們從未學習過該如何對一整串統計資訊發揮同理心。原型能代表海量數據，但同時，也能提醒我們，該數據代表了活生生的顧客——就像在超市也時常遇見，身邊跟著吵鬧孩童的媽媽一樣。

為了取得正確答案，你需要做出正確的分析。但在傳達正確答案時，其實無須使用當初找尋該答案時用過的數字。實際上，若是能妥善詮釋答案，就無須使用任何數字。

第 4 課
對使用者友善的數字

　　請嘗試以下的實驗，接著找出一位願意花 90 秒陪你的朋友：請花個幾秒看一下 A 組，閉上眼睛，並大聲說出 A 組的數字。接著在 B 組重覆上述動作。

A 組	B 組
• 2,842,900	• 300 萬
• 大了 5.73 倍	• 大了 6 倍
• 9/17	• 1/2

　　哪組能讓你更快速及正確的記起來？ B 組的資訊明顯容易處理太多倍：它的數字更容易理解、更容易記得、也更容易重複。

　　兩組傳遞的資訊，在使用上幾乎是一樣的。在獲得一間比以前的舊辦公室大了 6 倍的新辦公室時，你不會因為發現

其實它只大了 5.73 倍就突然感覺它變得擁擠狹小。而當某人發現他們與其他同事做的事情都一樣，卻只獲得一半的薪資時，你可以試著跟他解釋，其實他的薪水不是對方的一半，而是 9/17。這樣他的心情會有任何改善嗎？

再來看一次 A 組和 B 組的數字。現在，試著使用這些剛剛努力記起來的數字。假如跟你說，第一行的數字代表公司目前的收益，而（我們一起來做夢一下吧）最後一行則是你的分紅。你今年的收入會有多少呢？

B 組能讓你一秒鐘得出 150 萬這樣讓人興奮的結論。

A 組則是……非常緩慢的……在算很久之後能讓你得出 $1,505,065。（基本上，差不多 150 萬吧）。在你計算好的時候，大家早就開始討論下一個議題了。

使用對受眾友善的數字有兩個好處。第一個好處就是，友善本身就是好事啊！人們喜歡被重視、喜歡參與感，而他們最討厭的莫過於白白浪費時間和精力！為了能讓人們了解重點，而迫使他們花費更多力氣，其實是一件很失禮的事。

第二個好處則是這樣的數字能得到很好的成效。若你不認為自己是善於與人打交道的人，請把改善數字當成是一種程式上的挑戰。B 組的數字更適合我們腦內的硬體；而這硬體對於處理特定內容有著明確的限制。心理學家米勒（George A. Miller）在詢問「人類的工作記憶到底有多少？」之後，寫出了心理學史上最著名的研究論文之一。

他將答案直接寫成論文——《神奇的數字：7±2：我們

信息加工能力的侷限》（*The Magical Number Seven, Plus or Minus Two*）。這個數字就是我們的短期記憶能記得的上限。無論是數字、名字、電話號碼、或任何其他資訊，若是需要記超過 7 樣資訊（有時是 5，有時我們甚至能記得 9 樣），就會開始遺忘。

事實上，僅一個對使用者不友善的數字就能讓大腦短路。請試著想一個複雜的分數（17/139）、一個多位數（4,954,287）或是一個很長的小數點（0.092383）。這些數字都只代表單一事物，但卻會占據記憶中的許多空間。就算能想辦法牢記這些數字，腦內空間卻已不允許再去記更多資訊，而重點也就這樣被遺漏了。

很多時候，甚至根本無法理解過於複雜的數字。A&W 餐飲集團前任 CEO 和《*Threshold Resistance*》的作者阿爾弗雷德‧泰博曼（Alfred Taubman）在他的餐廳嘗試推出一個 1/3 磅漢堡來與麥當勞相同價格的 1/4 磅漢堡競爭時，學到了慘痛的代價。超過半數的客人都覺得他們被當凱子耍了。他們認為：「我們為什麼要付一樣多的錢來買更小塊的漢堡？」

上述新的 A&W 漢堡的價值，來自於消費者對於兩個分數即 1/3 與 1/4 的比較。但分數並非整數，而是某個東西的一部份而已，因此對很多人而言都非常困難。我們喜愛數數，但分數並不是我們可以數得出的數字。因此，會轉向最接近的整數：4 比 3 大，因此很可能得出 1/4 磅的漢堡比

1/3 磅大的這種錯誤結果。

　　有很多細微的方法能讓數字顯得更友善並且避免犯了上述失誤。本書附錄有許多更完善的舉例說明。但只要小心使用以下兩個經驗法則，就能避免大多數的錯誤：

法則 #1：簡單比複雜更好，請儘管四捨五入吧。

　　4.736 就差不多等於 5。

　　5/11 就差不多等於一半。

　　217 就差不多等於 200。

　　小時候學習使用數學概念時便學過四捨五入。然而，在愛上計算機和試算表時，便逐漸忘記這個基本常識。

　　但仰賴數字過活的許多專業人士——物理學家、工程師、或醫師——總記得四捨五入。很多時候，他們的工作僅是將複雜的數字詮釋成更簡單的數字，以便了解問題核心並與他人溝通。他們往往將這般刻意簡化複雜數字的行為稱作「粗略地估算一下」、「快速計算」或是「目測推斷」。很多時候，精準的確很重要，但在執行大多數的專案時，精準往往並沒有刻意的粗估數字以求效率來得更重要。

　　還記得前面提到的，微軟研究院發現僅使用一個「角度片語」就能讓人得更容易記得並使用地理知識的「角度引擎」團隊嗎？此團隊也曾進行過相關實驗並證明四捨五入的價值所在：在此實驗中，提供兩組內容全然相同的《紐約時報》，但其中僅有一組數字四捨五入。

以下案例來自於弗里克收藏館（Frick Collection），該博物館正試圖提出一個充滿爭議性的擴大案。針對此案，以下是角度引擎團隊測試過的兩種《紐約時報》新聞版本：

　　精準版：弗里克收藏館想擴大 40,100 平方英尺，但其中卻僅有 3,990 英尺會用於展示藝術品，大小就跟權貴人士的紅酒酒窖差不多大。

　　四捨五入版：弗里克收藏館想擴大 40,000 平方英尺，但其中卻僅有 4,000 英尺會用於展示藝術品，大小就跟權貴人士的紅酒酒窖差不多大。

　　在讀完《紐約時報》的內容後，志願參加者被要求回憶起讀過的數字並執行一些簡易計算。在 5 位讀過精準版內容的參加者之中，只有 2 位能準確記起精準版的數字；然而在 5 位讀過四捨五入版內容的參加者中，卻有 3 位能記起。當他們被要求計算時——在此案例中，參加者被要求計算「有多少百分比的擴增面積會被用於展示收藏品？」——讀過四捨五入版本的參加者也再次贏過那些讀過更精準、但卻非如此友善的數字的參加者。

　　經過六種不同領域、並包含將近 1,000 位參加者們的各種測試，結果都一致：四捨五入能有助於回憶並犯下更少的計算錯誤，而精準數字更讓人容易遺忘、也會犯下更多計算錯誤。

此結果與心理學家米勒所觀察到的吻合：記憶是有限的。大腦構造並不善於處理精準的數字，這也會降低效率。若是重視正確率，請使用經過四捨五入、對使用者更加友善的數字。越早四捨五入，就能讓人記憶越深刻。

法則 #2：使用整數（而非小數點、分數或百分比）來形容事物。

整數──也就是我們能數得出來的數字──感覺更加真實。就連使用從遠古時代起就沒有再次進化的大腦，也能想像得出整數的事物。

相較之下，像小數點、分數或百分比這些不完整的數字，在腦海中就顯得較模糊。專注學數學時，或許能在短暫時間內使用這些數字。但一旦突然被問起，很可能無法完全理解這些概念。

換而言之，任何時候嘗試向受眾提供非整數的數字時，便可能無法順利讓他們接收信息。受眾不但更有可能記錯或算錯這些數字，也很有可能從一開始就沒有理解到想傳遞的訊息──因為提供的數據不夠具體。

不管任何時候都該努力使用整數來增加訊息的真實度。對分數和小數點而言，這往往代表使用四捨五入。

在面對小於一的數字時，可以使用稱為「數籃子裡的雞蛋」的方式呈現出整數的模樣。若發現 0.2% 的人們有某種特徵，可以使用至少 500 或 1,000 的基數，來讓 0.2% 呈現

出活生生的人們的樣貌。「每 500 人當中會有一人」或是「每 1,000 人當中有 2 個人」能將這些抽象百分比化成真實的事物。

在呈現出整數的同時，也應該想辦法縮小籃子：若是 2/3（0.67；67%）的人並不喜歡某個新口味，在你的報告中也應該讓這些數據像活生生的人們。「每三個人裡面就有二個人覺得新的起司口味棉花糖難吃死了。」在此時，將籃子擴大到 100 人中的 67 人，只會讓受眾更難理解你的訊息。

但當你需要使用多個數據時，請不要試圖比較不同的籃子（基數）大小。你的籃子應該夠小，才能讓數字保有真實感，也無需讓受眾計算複雜的數學；同時，你的籃子也應該能同時讓大家比較多個不同的數據。舉例而言：每六個人當中就有一人覺得新的起司口味棉花糖還滿有趣的，但卻有四個人認為該口味難吃死了（請注意觀察，我們改變了上述棉花糖例子的籃子尺寸，好讓 2/3 和 1/6 能在相同大小的籃子裡並存以便讓大家做出比較）。

法則 #3：在專業知識面前，可以直接略過法則 #1 和 #2。

前二種法則的目的在於確認受眾了解你想解釋的數字。

然而，當聽眾有某些特殊經歷，或許能發展出改變一般規則的捷徑。提供準確數值時，或許這些聽眾能精準做出計算。舉例而言，常上超市購物的家長在看到孩子的功課上出

現 0.20×2.77 時，多半會被問倒，但若告訴他們罐裝鮪魚（一罐 $2.77）現在打 8 折時，他們的計算能力會突然媲美會計師。

　　這是因為當你熟於使用特定形態的數字時，就無須花費過多的腦力來計算。

　　心理學家米勒關於 7 樣事物的記憶理論，在滿足特定條件時，就得以擴充。我們可以在腦容量暫存約 7 樣事物，但取決於學習能力和專業知識，這 7 項事物的大小可能不同。心理學家為「能被同時想起的一連串資訊」取了一個簡單易懂的名詞：記憶組塊（chunk）。記憶組塊可以是一個隨機的號碼、休士頓市區的電話區碼（613）、或是最喜歡歌曲的前兩句歌詞。

　　專家能輕易讀取特定的記憶組塊，這也代表法則 1 和 2 並非隨時隨地都同樣好用。若了解受眾以及他們的記憶組塊包含什麼樣的資訊，我們就能採用受眾能輕易消化的方式來呈現數字。我們覺得很複雜的資訊，對於特定族群而言可能稀鬆平常。民調專家慣於使用百分比、棒球迷記得各種打擊率（他們竟然能輕鬆熟記小數點三位數！）、而喜歡賭博的人能使用如同天方夜譚一般的複雜資訊來呈現贏面有多大。銀行家、機械行業、和裁縫師，每一位都有他們的特有領域才懂的計算單位。

　　請向受眾呈現適合他們的資訊、而非其他人才懂的資訊。一般來說，我們絕不會建議使用有小數點三位數的數字

來呈現對事業舉足輕重的數據，但棒球迷對打擊率 0.277 和 0.312 之間差異的靈敏度，是絕不可忽視的。

畢竟最熟悉的專業，也最好懂。

• • •

想當然爾，若是打破以上任一法則能更清楚呈現內容時，請盡情打破吧。請相信直覺。一旦開始探索數據溝通更細微的層面時，請牢記這些最基本的法則。請盡可能使用最簡單好懂、四捨五入、最讓人感到熟悉的數字。

下列是實際操作這幾個原則的簡單練習。若嘗試計算人體中所有的分子，最常見的元素會有哪些呢？以下是幾種不同資訊呈現方法：

氫 31/50	氫 62%	在人體內，每 10 個分子當中，會有 6 個氫氣、3 個氧氣和 1 個碳分子。比起其他所有元素，上述三種是最常見的分子。
氧 6/25	氧 24%	
碳 3/25	碳 13%	
氮 1/173	氮 1.1%	
其他 1/500	其他 0.2%	

第一列的資訊包含許多大小不一的分數，就好像賭博的

致勝機率一般。若了解這樣的數字，搞不好有什麼隱藏的問題。（去找戒賭協會吧！）

而第二列使用的是比較為好懂、容易解讀和互相比較的百分比。

但我們最喜歡的還是最後一種，清楚解釋了微量元素的概念（在人體中很難找到它們！）以及人體中常見（請牢記，身體主要是水做的，而水的構成是 2 個氫氣和 1 個氧氣分子）。

在本章最後，來看看瑪麗奧・威廉斯（Marial Williams）提供的公共衛生例子。這是我們最喜歡的範例之一，來自於一堂如何增加記憶點的工作坊，而這例子示範了大腦多麼不願意接受百分比、但在使用基本數字來詮釋這些概念後，又能多快接受這些新知：

在上完自家的廁所後，有 40% 的美國成年人不一定每次都會洗手。	在和你握手的所有對象中，每 5 個人中有 2 人可能在如廁後沒有洗手就碰了你的手。

在第一種呈現方式中，40% 感覺並不算特別龐大或突出。你可能會想：這沒什麼大不了吧？有少數的成年人並不一定會在自家如廁後洗手。但大部份都會洗啊。

但在結合「每 5 個人當中就有 2 人」以及非常明確而私

人的場景後，你會立刻了解資訊的重要性。若已經與 5 個人握過手，很可能已經接觸到了沒洗手的對象。你現在很有可能正想用乾洗手或酒精殺菌。

請多多包容你的受眾。請使用簡潔、好懂的數字。以及請多多洗手。

第 2 部分

請使用熟悉、具體、人性化的比例來協助受眾理解數字

找出適合的單位：
使用簡單、熟悉的比較方式

　　若希望協助人們迅速理解，請使用受眾早已熟知的概念來解釋想講述的新概念。

　　不同文化在上千年前就早已使用此方式來發明測量工具。從古羅馬到毛利人，在調查過 84 個不同文化後，研究學家發現大多數的民族都是藉由共有的丈量工具——人體構造——來學習測量概念。大約一半民族都曾使用伸展開雙臂、從一手的指尖量到另一手的指尖的長度，來當丈量道具。（在英語中，稱此丈量單位「噚」（fathom）。）每四個不同文化中，就有一個發明了使用前臂來測量的單位，而在中世紀英語（Middle English）中，稱為「肘」（cubit）。在關於諾亞方舟的聖經故事中也曾出現過此丈量單位：方舟的大小約 300×50×30 肘。另外，英哩（mile）一詞，源自於拉丁片語「走一千步」。

　　在新冠肺炎期間，請觀察世界各地的防疫推廣活動如何將「保持 6 英呎社交距離」轉換成當地特有的丈量單位。最

有效的數字詮釋，會使用好懂、人們熟悉的比較方法及最基本而簡單的數學：

- 1 根曲棍球桿的長度——加拿大
- 1 塊榻榻米——日本
- 1 隻成年鱷魚——美國佛羅里達州
- 1 塊衝浪板——加州聖地亞哥市
- 1 隻成年鶴鴕——澳洲北昆士蘭
- 麥可·喬丹（Michael Jordan）——你可以想像得出麥可喬丹在空中與你和你的朋友們擊掌嗎？——籃球場上
- 1 隻北美馴鹿——加拿大育空地區
- 1 隻熊——俄羅斯
- 1 噚——美國海軍
- 1 隻羊駝——俄亥俄州的園遊會
- 1.5 台碎木機——美國北達科他州
- 2 條法國麵包——法國
- 4 條鱒魚或是 1 根釣魚竿——美國蒙大拿州
- 1 塊衝浪板或是 1 又 1/2 台越野腳踏車——加州橘郡
- 4 隻無尾熊——澳洲雪梨
- 24 塊水牛城辣雞翅——紐約水牛城
- 72 顆開心果——美國新墨西哥州

這些單位有些還蠻實用的；但其餘的就只是有點俏皮而已。你一定看過曲棍球桿或是釣魚竿，但若從未看過排列整齊的 24 塊水牛城辣雞翅或是 72 顆開心果，這些單位就只是對使用者極不友善罷了。

該如何找尋正確的單位來表示數字呢？該如何找出最適合的單位呢？先前也講過，傑克・霍夫曼和丹・歌德斯坦的研究是關於如何詮釋人口和地理資訊的數字。他們與克里斯多福・瑞德勒（Christopher Riederer）一起發現了最佳的數字詮釋方式，結合人們熟悉的比較方式以及簡易的比例：

巴基斯坦的面積大小相當於 5 個奧克拉荷馬州。	巴基斯坦的面積大小相當於加州的兩倍。

在找尋適合的丈量單位時，請腦力激盪一個大小相似、而受眾非常熟悉的物品清單。若覺得有些困難，請運用馬蓋先定律。在 80 年代的《百戰天龍》（MacGyver）影集中，主角馬蓋先會使用科學知識來創造出可能會花費蝙蝠俠或是詹姆士・龐德上百萬美金的工具。但馬蓋先的道具，都是用像是午餐吃剩的速食包裝所製作。這就是馬蓋先定律：請多觀察周圍是否有任何能使用的物品。多思考受眾可能會了解什麼：當地提到的議題、在產業常使用的物品、或是新聞提及到的內容。

在找尋丈量單位過程中，請多使用僅需要簡單的倍數的物品。比起兩倍或是一半，4 隻無尾熊或是 72 顆開心果非常不實際。在實驗中，人們在面對「一」這個最基本的單位時，最能理解和記起對於數字的詮釋。舉例而言，「社交距離大約是 1 塊榻榻米的長度」（若你是日本人）、或是「幾乎是 1 隻成年鶴鴕的大小」（若你來自澳洲），亦或是「大約是 1 隻成年鱷魚的長度」（若是你不介意腳踝被咬）。

請避免：	請使用：
• 比你的家鄉大 3.9 倍	• 大約是紐約州的人口總數
• 1.5 台越野腳踏車	• 1 塊衝浪板

就算「比你的家鄉大 3.9 倍」或是「1.5 台越野腳踏車」相對來說更加精確，還是應該使用「大約是紐約州的人口總數」和「1 塊衝浪板」。這些比例更易於使用和熟記，因此在現實中更加準確。

愛爾蘭共和國的面積為 70,000 平方公里。（你沒看錯，我們有四捨五入。）	愛爾蘭約是紐約州的一半大。

土耳其的面積為 783,000 平方公里。	土耳其比加州大兩倍多一點點。
太平洋垃圾帶（The Great Pacific Garbage Patch）所佔的面積約為 1.6 百萬平方公里。	太平洋垃圾帶（The Great Pacific Garbage Patch）所佔的面積大約是西班牙的 3 倍大。

OK，現在來嘗試創造專屬於你的丈量單位吧。在 2019 到 2020 年夏天，澳洲發生劇烈損傷的森林大火。該如何有效地表示出損失慘重？請在右側欄位選擇一個最佳的數字詮釋方式。

2020 年的澳洲森林大火燒毀了大約 46 百萬英畝（約 186,000 平方公里）。	被 2020 年澳洲森林大火燒毀的面積大約是： ・日本的一半大 ・敘利亞的面積 ・英國的 3/4 大 ・葡萄牙的兩倍大 ・和新英格蘭地區一般大（包含康乃狄克州、緬因州、麻省、新漢普夏州、羅德島州、以及佛蒙特州） ・華盛頓州的大小

最佳的數字詮釋方式，會結合人們熟悉的比較方式以及簡易的倍數。以上哪個才是最佳的詮釋方式？

　　敘利亞的大小並不為大眾所知。關於英國的比例會迫使我們算數。因為「一」是最能讓人產生共鳴的倍數，關於日本的比例也因此出局。

　　對熟悉當地區域的群眾來說，葡萄牙會是個很傑出的比例尺。

　　對美國人而言，住在西岸的民眾或許會理解關於華盛頓州的比例；而住在東岸的民眾則應該會了解新英格蘭的大小。（因為我們能有足夠視覺畫面來檢視新英格蘭的個別組成，所以新英格蘭可能會感覺較大。我們在關於感性組成〔emotional combo〕的章節會加以討論這一點。）

　　選擇適合的丈量工具能為訊息和數字增添吸引力和趣味性。來看看關於不同動物速度的科學事實。為了能深入理解野生動物到底有多迅速，我們創造出一個特別丈量工具——史上最快的短跑健將「閃電」尤塞恩・波特（Usain Bolt）。任何一位在奧運成績達到平均速度的短跑選手比你認識的任何一個人都跑得快，而只達到平均速度的奧運選手，並無法進入短跑決賽。能進入決賽的選手都是當年速度最快的人們——而波特在立下世界紀錄時，還比其他選手都快了許多。

　　來用波特對比大自然中速度一般般——甚至不是最迅速——的動物吧。

為選出 100 公尺短跑速度最快的陸上物種，在坦尚尼亞的塞倫蓋提（Serengeti）地區正在進行一場特別的跨種族奧運會議。每一種動物都可以緩緩起步，並在達到起跑點時進行衝刺。人類很自豪的派出曾經在 4×100 米接力賽中達到 8.65 秒速度的「閃電」波特。他在 100 米衝刺的平均速度能達到每小時 26 英里，等於每小時 42 公里。

黑猩猩們只隨意派出一隻猩猩。他們的後腿粗短，在衝刺時會用四處奔跑。雖然如此，猩猩選手的速度是 8.95 秒，只落後波特 11 英尺。在 100 米衝刺時，黑猩猩能保持一小時 25 英里（每小時 40 公里）的速度。

在這場史上速度最快的人類——「閃電」波特和黑犀牛、黑猩猩的 100 米賽跑中，波特會落後黑犀牛 2 秒，因此只能獲得銀牌。而這些甚至不是速度最快的動物。任何一隻鴕鳥或獵豹以及——如果我們願意接受天上飛的選手們——遊隼，都會狠甩波特於車尾燈後。

我們可以在科學叢書或是動物園的解說圖中讀到動物跑得有多迅速，但將這些動物與最迅速的人類相比，才能讓此等資訊產生真實感。贏過 9 百萬位人類賽跑選手的「閃電」波特，也只比普通的黑猩猩更快一些。他甚至贏不了犀牛。平常而在聯想到奔跑速度很快的動物時，甚至不會想到這些動物。

最吸引人的統計數據並不僅是交代資訊，它還能推翻既有印象。以下是最後一個，來自於企業界的範例：

在 2020 年，全球的電玩產業市值達到了 1,800 億美元。相較之下，在 2019 年（新冠肺炎之前）的全球電影院營收為 420 億美元，而全球的音樂產業營收則為 220 億美元。	電玩產業的規模比電影產業大了 4 倍、也比音樂產業的規模大了約 9 倍。

將電影產業和音樂產業轉換成丈量工具能幫助清楚測量並讚歎電玩產業規模。當個別檢視電玩、電影、或音樂產業的數字時，上述數字都看似正常。我們原本就知道這三個都是規模龐大的產業。

但將其互相比較後，很可能會被結果嚇到。這結果與平常對於這些產業的看法完全不同。很少聽到人討論電玩，卻時常看到電影或音樂的消息。網路上是否有類似《綜藝》（*Variety*）的電玩雜誌？有電玩界的葛萊美獎（Grammy Awards）或是全美民選獎（People's Choice Awards）嗎？這或許是對宅男的歧視；比起電影或音樂圈人士，並沒有太多人期待在紅毯上看到阿宅。

對有新創想法的人們而言，這些數字代表了機會——這個多數人並不了解的業界所進行的經濟活動，可以媲美數個

好萊塢或是納許維爾[4]。若是想進入這個市場,需要先了解什麼?

　　一個絕佳的丈量工具能引起受眾反思並詢問問題,也能展開關於數字的有效對話。一旦能成功引起人們討論這些數字時,你就已經贏了。

4　納許維爾(Nashville)是美國鄉村音樂的發源地。

第 6 課
將抽象數字具體化

　　葛麗絲‧霍普（Grace Hopper）准將是第一位使用「bug」做為電腦出錯與程式漏洞代名詞的電腦科學家，她也是第一位勝任美國海軍程式語言小組的經理。她同時也擔任數學教授。她在日後回憶起，當學生抱怨為何要在數學課考驗寫作能力時，她是如此回答：「我和他們解釋：若是無法與他人溝通，就算學了數學也沒用。」

　　霍普鼓勵工程師盡可能地簡化編碼。（在戰爭時期，常常千分之一秒就能決定生死。）而在課堂上時，她會拿起一卷 984 英尺長的電線──這長度亦是電力在 1 毫秒──也就是一百萬分之一秒──之內能行進的距離。她說：「我有時候會想，我們應該在每一位工程師的桌上放上像這樣的一卷電線。又或許我們應該把電線直接套在他們脖子上，讓他們了解浪費一毫秒的代價。」

　　在我們實際了解到電波訊號在 1 毫秒內能行進多遠以前，「浪費 1 毫秒」就看似與「浪費 5 毛錢」一般的無關緊要。霍普將 1 毫秒具體化──轉換成能實際套住工程師的脖

子的電線、或打仗時決定一個人的生死——並成功證明了她的論點。

我們需要重視並節約每一毫秒，其代表了一百萬分之一秒。	這段電線的長度代表了在浪費的那 1 毫秒中，訊號本來可以行進的距離。它的長度達 984 英尺，約是 3 個美式足球場的長度。

用數字描繪出一幅景象

　　霍普之所以特別，是因為身為一位專家，她願意不厭其煩地使用一般人也能理解、具體的詞句來進行討論。專家的思考模式時常很抽象；因為他們平常習慣使用抽象思考解決問題。他們會從過往經驗中截取抽象的原則，並將其應用於新的問題。專家們對簡單事物感到不耐，並熱衷於探討複雜議題。但正是能化繁為簡的少數精銳人才，才能幫助所有人了解問題所在，進而造成更大的成效。

　　有一個簡單方法能幫助你達成此目標：將問題從抽象的數字概念、詮釋成具體五感。具體議題能更快速進入狀況並牢記更久。例如俚語、玩笑、民歌、和經典的歷險記這樣的文化產品，在越多人口耳相傳後會變得越生動具體，因為人們更容易記起並廣為流傳。

　　以下請看將數字詮釋為具體概念之後，能讓一個人多快

速理解腫瘤尺寸：

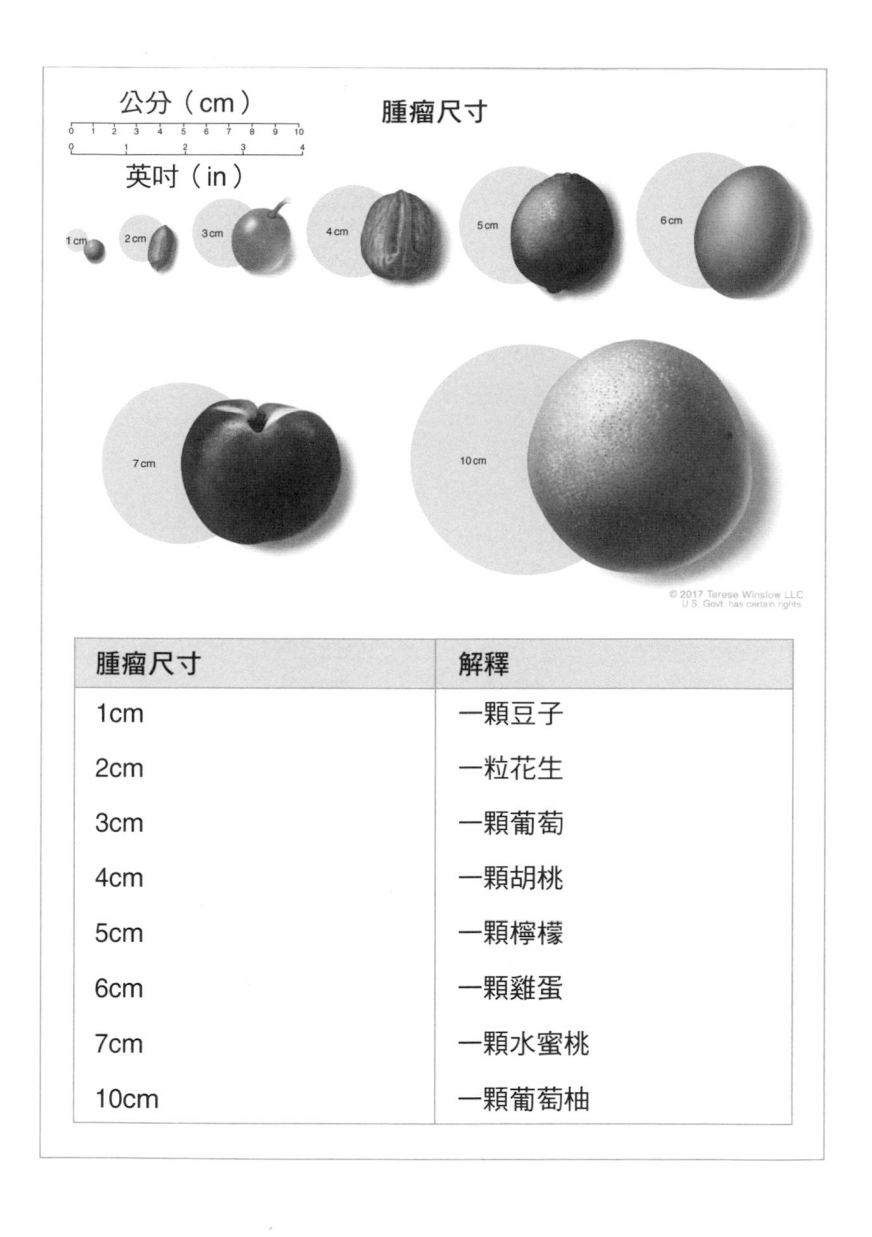

公分（cm）

腫瘤尺寸

英吋（in）

© 2017 Terese Winslow LLC
U.S. Govt. has certain rights

腫瘤尺寸	解釋
1cm	一顆豆子
2cm	一粒花生
3cm	一顆葡萄
4cm	一顆胡桃
5cm	一顆檸檬
6cm	一顆雞蛋
7cm	一顆水蜜桃
10cm	一顆葡萄柚

在人們使用五感做出判斷時，他們就能更準確地了解和熟記數字。想像一下：假如醫生告知你的腫瘤已經 3cm 了，半小時後，你或許根本無法想起確切的數字。甚至會弄混公分和公釐（mm）。但「葡萄般大小」很容易記，也很難與其他資訊混淆。這般詮釋也能將丈量長度輕鬆地轉換成 3D 立體概念。

這般具體的數字詮釋方法也能被運用在重量。以下是美國疾病管制中心（Centers for Disease Control，CDC）所使用的例子：

在一頓營養均衡的正餐中，肉類的建議攝取含量約為 3 至 4 盎司（ounces）。	在一頓營養均衡的正餐中，肉類的建議攝取含量約為 3 至 4 盎司，約為一副撲克牌的大小。

無論你玩的是德州撲克、遊戲王、還是接龍，一副撲克牌的尺寸在世界各地的大小都差不多。而比起將盤中牛排拿起來、甩掉沾醬、稱重、再放回盤中，在腦中將肉類與撲克牌比較大小似乎簡單得多。

以下是稍微重一些的例子：蘇伊士運河（Suez Canal）的地理位置讓它成為一個捷徑，讓船隻無須繞過非洲的南端就可以從亞洲航行至歐洲。因此，運河上每天都有大批的船

隻經過。在 2021 年 3 月 23 日，在一艘名為「天賜號」（Ever Given）的貨櫃船經過時，由於沙塵暴造成船長視線不良，因而造成船隻嚴重擱淺、卡進運河中——而這龐大的體積也瞬間阻斷了所有的水上交通。

在報導此危機時，新聞記者努力解釋為何僅僅一艘船就能瞬間停止一切國際貿易。以下是兩種不同的報導方式：

貨櫃船「天賜號」的船身幾乎有 1/4 英哩長。	想像一下將帝國大廈（Empire State Building）側躺下來並擋住蘇伊士運河。若是不算入帝國大廈最上方那細細長長像一根針的天線，貨櫃船「天賜號」的船身其實比帝國大廈還要長。

將數字具體化便是讓人們更清楚了解數字意涵的第一步。「3 至 4 盎司」很抽象；一副撲克牌的尺寸很具體。「1/4 英哩」到底多長沒人知道，但將帝國大廈倒下來卡住運河，會是一個深刻、讓你牢牢記住的畫面。

而帝國大廈這個例子也證明我們不僅能將概念具體化：「曼哈頓的 5 條街總長」同樣能將「1/4 英哩」具體化，但要求人們在腦海中想像將帝國大廈這個著名地標（它曾稱霸了世界最高大樓頭銜達 40 年之久）橫躺下來擋住運河——這不僅是具體、更是一個如此活靈活現，能讓人記憶深刻的

畫面。若希望讓數字產生更好的效果，可以超越具體化、創造出生動的畫面。生動的訊息更能刺激五感；它們更精彩、更有活力、更驚奇、並感覺更加獨一無二。人們不只是了解，能更深入體會到這樣的訊息。

許多美國人討厭現在改名為 SNAP 補充營養援助計畫（Supplemental Nutrition Assistance Program）的食物券計畫（Food Stamp Program, FSP），因為此計畫感覺像是花大錢替他人提供奢侈的免費餐飲。SNAP 的總金額乍看非常龐大——在 2018 年，聯邦政府花了 610 億美元在此計畫。但若將這金額換算成每個獲贈免費餐飲的人平均一餐的花費（還記得之前關於「專注於一」的章節嗎？），平均每餐花費僅 1.37 美元。思考 1 美元加一些零錢代表多少金額有助於將 SNAP 概念變得具體，但將這數字詮釋為每餐的花費能讓概念更加生動。

SNAP 援助每人每餐的平均金額僅有 1.37 美元。	從推廣花費 1.50 美元以下的食譜網站中，可以看到，用此金額可以做出 1 份番茄通心粉沙拉（一份 1.41 美元）、1 份馬鈴薯韭葱湯（一份 1.28 美元）、或是幾乎 3 份焗烤鮪魚燉菜（一份約 50 美分）。

無論是否覺得以上食譜是必吃美味，但都看得出這些料

理並不奢華。就連反對 SNAP 計畫的市民，也不會對這些料理產生一絲一毫的嫉妒心。但對於接受 SNAP 計畫救助的人們而言，或許就連這些樸素的料理都是奢侈——寫出上述食譜的人們沒跟你說的是，雖然這些食材只需要花費 1.50 美元來準備，但為做出這份價值 1.50 美元的食物，必須要事先擁有足夠的廚房用品和調味料。舉例而言，焗烤鮪魚燉菜需要 3 匙奶油，而在沃爾瑪（Walmart）一磅奶油的價錢約為 3 美元，這幾乎是 SNAP 計畫給每個人一整天的預算。

以下是另一個更生動呈現具體資訊的範例：

那些站在金字塔頂端、僅佔了 1% 的美國人，擁有全美大約 31% 的財富。而全美大約 70% 的財富，則掌握在大約 10% 的人口手中。而剩餘的所有人的資產加總，也只能達到剩下的 2%。	請想像一棟每一層樓有 10 戶、總共有 100 戶住戶的住宅大樓。最有錢的人擁有 31 間住宅。接著，這棟樓中最有錢的 10 個人，合併擁有 70 間住宅。而最窮的人，需要和所有其他資產小於 10 萬美元的人，共同持有住宅的擁有權。若這也包含你，這就代表你需要與另外 49 個人一起擠在其中 21 間住宅裡。

你或許會想，這些具體資訊是否需要資訊圖表（infographic）協助？你的想法沒錯，但人類大腦是很高科技的影像處理器。我們能在腦內建構起這棟住宅大樓（我們

的公寓應該會長得很像影集《六人行》[5]〔Friends〕的錢德和喬伊、以及莫妮卡和瑞秋住的那棟紅磚瓦公寓）。而我們也幾乎能體驗到與另外 49 個人一起擠在兩間狹小公寓內──如此擁擠而迫切的感受，遠超於任何資訊圖表能給予受眾的感受。

　　生動的數字詮釋能喚起各式各樣的感受。以下這個例子教我們體驗身為蜂鳥的一日作息，生動的描繪能引起味覺與體感共鳴：

一隻蜂鳥的體重約為 3 公克。蜂鳥平均一天會進食約 3 至 7 卡路里；這也代表了它們新陳代謝的速度，大約比人類快了近 50 倍。	蜂鳥的新陳代謝速度飛快。若是蜂鳥能長到一般人類男性的身高體重，它在清醒的每一分鐘就須喝掉至少一罐可樂──這代表了在一天 16 個小時當中，每一小時喝掉 67 罐可樂。

　　我們無法立即體會新陳代謝速度很快代表什麼，尤其是當句子又包含「快了近 50 倍」這樣的倍率。但想像每一分鐘喝掉一罐可樂的畫面能讓這個倍率更加具體（可樂能轉換為食物）也更加生動（我們能想像攝取糖分帶來的興奮感、幾分鐘後血糖飆升至無法忍受，卻還需要持續一整天！難怪

5　Friends：知名美國 90 年代情境喜劇。

蜂鳥無時無刻都在迅速拍打翅膀！）。與其讀乏味生物學教科書，我們經歷了一場感知上的奇幻冒險。

普遍而言，生動的事物更加鮮明、活靈活現；感覺它們更加貼近我們、更有臨場感。而這一切能讓場景變得更加印象深刻，也更能驅使我們改變行動和思考模式。

當事物越貼近生活，就感覺越生動。尤其是包含了熟悉的特定行為：

2014 年的某個週六，在俄亥俄州有 65 萬市區人口的托雷多市（Toledo），市政府要求約 50 萬使用市區自來水系統的居民暫停用水，因為在該地區的自來水處理中心發現了藻類污染水源事件。	在俄亥俄州托雷多市區居住的 65 萬居民當中，每五戶人家就有四戶在扭開自家的廚房水龍頭、裝滿一杯水喝時，會喝到來自藻類污染的毒素。

「自來水處理中心發現毒素」只是一個新聞報導。但在自家水龍頭發現毒素便是生活上的危機。這樣的數字詮釋能讓人確實感受到影響。我們都在杯中裝過水──可以想像得出如此簡單的舉動可能讓人致命，自己會有怎樣的感受。

在本章開頭，介紹了一個深奧的概念：毫秒。我們不懂、也沒打算花時間去理解 1 毫秒到底是多久。正因為我們了解這是一個複雜、無法體會的概念，因此能接受霍普對於

該數字的具體詮釋。

同樣的,以下的數字詮釋中所討論的距離極複雜又難以理解,這點是原先就已了解到的:

最近的太陽系,離地球的距離是 4.25 光年。	最近的星星離我們有多遠?請把太陽系想像成大約 25 美分硬幣[6](quarter)的大小。接著,請在足球場的其中一個球門柱旁放下那枚硬幣,並走向另一端的球門。在你抵達另一端的球門時,請再放一枚硬幣來代表距離我們最近的太陽系,半人馬座比鄰星(Proxima Centauri)。而這兩枚硬幣的一切,都代表了浩瀚而空蕩的宇宙。

此處的焦點是無垠的宇宙,最貼切也最具體的表達方式便是距離。但若使用一間房間或是一幅很大的畫布這般能一眼望穿的事物來表達,這例子依然具體,但該畫面卻缺乏震撼力。

電子在 1 毫微秒(nanosecond)能行進的距離;用光年所形容的無垠宇宙。我們需要使用工具來計算,但數字卻是如此陌生、就連最簡單的數字都能經過詮釋來助於理解。我們認為知道「7」這個數字代表了什麼。但其實毫無頭緒。

---

6 大約新臺幣 10 元的大小。

將數字放入任何實際場景，都有助於增加該數字的影響力。

在數年前，本書作者奇普的學生們也針對具體化之必要性為奇普上了一課：他鼓勵學生們想辦法讓消費者理解精巧型螢光燈泡（CFL 燈泡）的好處，而在當時，CFL 燈泡（大約一顆 7 美元）比傳統螢光燈泡（約 1 美元）貴上許多，但僅需使用 1/4 的電力。在發表時，有一組學生表示他們自行使用奇普所提過的原則更改了他的題目：「使用電力是一個原本就很抽象的概念，」他們說，「因此，我們決定專注在換燈泡的便利與否。這些燈泡的使用年限有 7 年；這比每年都需要更換燈泡來得輕鬆多了，特別是有些燈座的位置實在不方便更換。」他們改良的訊息呈現於下方的右側欄位。

CFL 燈泡僅需使用一般燈泡 1/4 的電力，而且比起每年都需要更換一般燈泡，CFL 燈泡能使用 7 年這麼久。	若是在孩子學習走路時，換一個新的 CFL 燈泡，在下一次需要換燈泡時，孩子已升上了小學二年級並且在學習關於氧氣的知識了。而再下一次換燈泡時，孩子就已經在考駕照[7]了。

在奇普超過 20 年的教學生涯中，這是少數幾次全班為某同學的答案鼓掌。他也一起鼓掌了。

7　美國 16 歲就可以考駕照。

7年看似簡單。但時間的流轉卻不容易了解。在現實中，時間往往稍縱即逝；只有在專注檢視某些生動的人生里程碑時，才會意識到時間的腳步。注意到時間的流轉時，不僅了解到此訊息的意義，更能感同身受：哇，這個燈泡真的很耐用（但同時也體會到：**哇，能陪伴孩子的時間真的很短！下週末就趕快安排大家一起去動物園吧！**）！

奇普從這個題目學到兩件事：（1）若是學生想要自我挑戰，就放手讓他們去吧；以及（2）就連「7年」這般簡單又具體的概念，都有辦法呈現得更具體、更深刻。

以下是具體化讓訊息更加鮮明的最後一個例子：（這個迷因〔meme〕在網路上有許多不同版本；我們查證了以下這個版本的真實性。）

假設地球77億人口縮小成住了100位村民的村子：

- 有26位村民會是14歲或以下的兒童。有5位村民來自北美；8位來自拉丁美洲；10位來自歐洲；17位來自非洲；而有60位來自亞洲。
- 有31位村民會是基督教徒；24位回教徒；15位印度教徒；以及7位佛教徒。有7位村民會代表世界上所有其他的宗教，並有剩餘的16位沒有任何宗教信仰。
- 有7位村民的母語會是英語；而另外的20位的第二語言也會是英語。有14位村民不識字，也有7位已取得大學文憑。

• 有 29 位體重過重的村民，也有 10 位正在歷經饑荒。

　　這份統計數據的原貌，是一份過長的人口統計資訊表格，長到甚至無法放到上述內容旁邊做對照。只有極少數的人才會主動閱讀這樣的資訊。

　　但這些都是關於人口的統計資料，而最具體的呈現方式就是使用「人」來呈現。一旦開始想像不同人們——不是億萬這般過於龐大、永遠不可能在真實中遇到的人數——而是居住的社區中真實會遇到的居民們，可以確實地認知到這些數字。這並非解決任何特定問題的單一模式，但無論正在撰寫一個全球政策或是行銷企畫，這樣的思考方式能讓你重新思考並定義世界上的各種人群。

　　無論數學工具如何先進，在思考具體問題時，它們永遠都不會比人體本身就具備的工具——大腦——來得更加直接了當。將數字具體化，適當地使用大腦吧。

第 7 課
用時間、空間、距離、金錢、甚至洋芋片描述數字

若是車輛行進速度為一小時 30 英哩，那感覺應該像是行經住家附近的正常速度。若有個物品是 30 英尺長，那就可能是加長型禮車。若它 30 磅重，則是一個玩具。若是在一間有自動溫控的小木屋內溫度為 30 度，則有可能太冷（若是華氏）或是太熱（若為攝氏）。我們對「30」這個數字本身無感，但將其運用於不同的測量單位時，大腦也會隨之產生不同的經驗和感受。

你可以將這一切當成了解數字的利器。若是無法立刻理解某個數字、計算、或是比較值，試著將它轉換為截然不同的數量——例如距離、體積、密度、溫度、金錢、或是時間——這樣是否更加了解該數字了呢？

在許多場合中，將數字轉換為時間都很有效。這是因為我們的世界被時程表掌控，而有許多忙著上下班打卡的經驗。或許不知那家最喜歡的咖啡店距離多遠，但總是記得開車或騎車過去需要多久時間。

在下個範例中，請注意觀察光是將抽象數字轉換成時間，便能增加該數字的存在感和真實性——因為時間與日常生活息息相關。

100 萬秒即為 12 天。	10 億比 1,000,000 大上 100 倍。	10 億秒便是 32 年。

請使用各種層面來轉換這些數字。假設需要將某樣事物乘以 300。這意味著什麼？若是將平均美國人的身高（5 尺 6 吋）乘以 300，那個人的身高便比巴黎鐵塔加上自由女神像還要高。這代表比起從曼哈頓 34 街走到中央公園，就能一口氣走到加拿大境內的蒙特婁。「只要再等 1 分鐘」就代表了誤點 5 小時（而這也是機場的日常）。一張 5 元紙鈔也成了 1,500 美元。而與老闆一起搭乘電梯的時間，也不再只是感覺像、而是真的變成 10 小時這般漫長。

比起簡單的數學題目「乘以 300」，上述這些例子都變得更加感性。並且每個都有其優勢。你可以將本章當成靈感來源：我們要教的是在需要時能隨時拿出運用的技巧、而非嚴格的規定。

請試著掌握以下各種技巧：

將時間轉換為金錢

> 我們的 100 人工程師團隊喝咖啡喝得很兇……若是在每一層樓都裝設咖啡機會需要花費 15,000 美元，再加上額外的耗材跟維修費。

> 若是每天每一個人會花 10 分鐘往返茶水間取用咖啡，工程師部門每週便會花上 80 個小時攝取咖啡因。新的咖啡機在短短數週之內便能回本了；接下來，它們還能為公司賺進更多錢。
>
> 依照目前的系統來看，等於是雇用了兩位僅是往返取用咖啡的全職工程師，而他們在茶水間和走廊的聊天品質甚至還沒有影集《白宮風雲》（West Wing）來得刺激。

用能實際盤點的物品來表達機率

> 英國有超過 5 千萬人口，而每天會發生約 50 件意外死亡（在浴缸中滑倒、被暴漲的溪水沖走、或是從樓梯跌落等等）。在英國因意外而死的每日機率約為一百萬分之一。

> 在任何時間，你在英國突然死去的可能性，就和你需要從公元前 500 年到 2200 年 8 月 1 日之間的任意天數中，猜中某人所選擇的日期一樣。

　　以上說明的百萬分之一死亡機率，是由一群希望能創造出所有意外的可能性之基準點的研究者所探討的議題。這些學者們稱呼此百萬分之一的單位為「百萬分之一的急性致死

率（micromort）」並以其為尺開始搜集各種不同風險的發生率，諸如：每日騎 44 英哩的機車（11 micromorts）；一般需要全身麻醉的情況（5 micromorts）；或是一次高空自由落體（7 micromorts）。但從科學角度檢視各種風險的致死率並無法幫助人們了解面對的風險。

因此，我們提出了一個全球通用的機率衡量方式：與其使用百萬分之一的急性致死率，我們的理論來自於霍格華茲魔法學校[8]（Hogwarts）。請想像一下，在某個圖書館書架上，放了全套《哈利波特》（*Harry Potter*）系列小說。請將系列中的第二集《哈利波特：消失的密室》（*Harry Potter and the Chamber of Secrets*）拿下來（因為這是你的最愛）。架子上還剩下 6 本書，這些書包含了大約 1,000,000 個字。接下來，請從架上 6 本再取下任何一本，翻開任何一頁，並在任一文字上用紅筆打一個叉叉。接著將它放回架上，並將《哈利波特：消失的密室》帶去咖啡廳慢慢閱讀。

現在，若有人走進圖書館，隨意拿下一本《哈利波特》，翻開任意頁數，並隨手一指便指到你剛剛打叉叉的機率，就差不多是百萬分之一。

我們的哈利波特理論，也能被沿用於其他機率。舉例來說，就像曾提過的，高空自由落體的死亡機率是 7 micromorts，或是百萬分之七。因此，你可以請朋友在每一

---

8 《哈利波特》系列著作中的魔法學校。

本《哈利波特》系列（共 7 本）都隨機劃掉 1 個字。在此場合，哈利波特理論更能帶給我們勇氣。在聽到「百萬分之七」時會較為擔憂，因為會聚焦於那不幸死亡的 7 個人，而非另外 999,993 個享受刺激的人們。想像在超過上千頁的小說裡只有 7 個紅色叉叉，能更樂觀看待此風險。

兌中美國威力球樂透（Powerball）的機率：292,201,338 分之 1	想像一下，假如你能成功猜中某人從她一出生到她 9 歲之間的任何時間（包含任何一天、小時、分鐘、秒鐘）之內，她目前所想到的任一秒鐘，你就能獲得樂透大獎。	頭獎得主就是你。你僅需要猜中在那張對折紙條，寫的是哪個美國人的名字就好（提示：那個人的年齡大於 10 歲）。

將抽象數字轉換為可計數的事物

　　想像一下由許多不同構件所組合成的事物：一棟房子的磚瓦、浴缸中的小水珠、一本書中的許多文字、或是一段旅程中的每一步伐。

在 2016 年，撥給美國國家藝術基金會（National Endowment for the	為達開支平衡的目的就將 NEA 的費用取

Arts；NEA）的 1.48 億美元，在聯邦政府的總預算開銷（3.9 兆美元）中佔了 0.004%。是否該因為批評聲浪就將這筆經費取消？

消，就如同刪掉了 4 個字，就聲稱自己已經修改好一篇 9 萬字的小說一般。

將卡路里轉換為眾所皆知的行為

一顆 M&M 巧克力有 4 卡路里。	你需要爬兩層樓的樓梯才能消耗掉一顆 M&M 巧克力的熱量。
一片品客洋芋片有 10 卡路里。	你需要走 176 碼，或幾乎 2 個美式足球場，才能消耗掉一片品客洋芋片的熱量。

將社經地位轉換成所有人都能理解的單位

在 Web of Science 引文索引資料庫中，它的文獻是最常被引用的前一百名文獻之一。

Nature.com 表示：「學術文獻的種類和數量是如此的多，前一百名文獻就等於脫離常規的異常值一般。Web of Science 資料庫存有超過 580 萬筆文獻，若是這個數量被比擬為吉力馬札羅山（Mount Kilimanjaro），則最常被引用的前一百名文獻就如同與山頂的僅僅 1 公分一般。僅有 14,499 份文獻（代表大約一公尺半的山坡）被引用超過一千次。而山丘則

> 代表了僅被引用過一次或以下的文獻——涵蓋了大約所有文獻中的半數。」

在看過不同層面組合的各式數字詮釋後，來花點時間對數字的多元化致敬吧。假如聽說某個外星種族發明了某種語言，他們能精確形容丘陵高度、旅行速度、遊戲難度、飲食營養含量、一瞬間反應、如何計畫當天行程、一生光陰、或是我們目前在出版界取得的小小成果，我們一定會對於這個種族的語言多元性和彈性感到佩服。但其實數字就能做到上述的一切。

就連日常都需要使用數字的人們也常忘記這一點：我們或許會認為數字能說話、能代表一切，但若不努力解釋數字，就是浪費了數字獨有的彈性。無論何時，為了能讓受眾更加理解，都應該加以運用和著墨數字的多元化。

無論是希望解釋某個數字，或是在試圖理解該數字，請牢記數字的力量。以下是為你而設計的練習題：你能用多少不同方法來理解 1%？這是一個常見到幾乎會忘了它代表的含義的數字。你會如何詮釋此數字？你會用怎樣的層面來呈現它？以下是數個例子。

- 1% 代表了 1 美元中的 1 分錢。
- 1% 是 100 年中的 1 年。

請花 2 分鐘來想想其他的呈現方式，並觀察我們想出的結果。[9]

混用不同丈量工具所帶來的困擾

在 1981 年 2 月時，雷根總統（Ronald Reagan）使用了以下例子來向國會解釋創下歷史新高、幾乎達到 1 兆美元的國債：

> 「若是手握著一疊 1,000 美元面額的鈔票，這疊鈔票僅需要達到 4 英吋，你就會是個百萬富翁了。將 1 兆美元換算成 1,000 美元面額的鈔票，可以疊成 67 英哩高。」

雷根總統是個令人讚歎又有魅力的演說家。他當時正在試圖說服美國人民國債已經太高。雷根的背後有一群政治科學家、官僚氣息的政策專家和寫手們——這群人是美國境內最會說話的人們——努力推動美國人民執行一項與美國人所重視的保守原則息息相關的政策（當然不是推動負債來支撐一個已經過於龐大的政府）。他們擁有最會傳達政策和說服

9　詮釋 1%：能確實了解、感受到 1% 的各種詮釋：裝有 100 片品客洋芋片中的 1 片；兩副撲克牌中的一張牌；1 年中的 4 天；100 米賽跑中的 1 米；一部平均長度的電影中的 1 分鐘。

人民的名望講壇（bully pulpit）、國內最大的三個媒體網路的宣傳力和曝光、而正當絕大多數的美國人民都緊盯著電視時……他們竟然選擇「疊鈔票。」

你最後一次用疊鈔票估計商品價格是什麼時候？你有在超市看過「酪梨：只要一疊 3.07 英吋高的 5 美分硬幣」這樣的標語嗎？（是的，我們查過了這個數字的真實性[10]，因為我們很宅。）

「67 英哩高」是一個很抽象的單位。而國債總額還是令人費解。雷根該怎麼做才能讓大眾理解呢？

假如雷根使用了一的倍數，並解釋美國每一位男性、女性、和孩童，目前都負債 4 千美元呢？假如將人們組成一個個單位，並提及每個家戶都負債約 12,000 美元，會不會更好呢？

雖然這般場景似乎沒有特別驚悚，但大家更能進入狀況。大多數家庭的房貸都比這個金額大。在 1984 年，房價中位數約為 80,000 美元。若能付出 20% 的頭期款並用房貸支付尾款，大多數的家庭應該都會欠下大約 64,000 美元的房貸。

我們當然可以繼續探討這樣較不驚悚的方式是否適合用

10　酪梨的平均價格是 2 美元一顆，而 5 美分硬幣的高度約為 1.95mm。40 個 5 美分硬幣 ×1.95mm = 78mm。再除以一英吋換算為 25.4mm = 3.07 英吋高。

以表達雷根的意圖，但將數字轉換為每家戶的負債、而非一整疊高聳紙鈔，或許能開啟一連串關於負債的跨黨派討論。

面對數字時，應該多使用直覺。很多時候，直覺能幫忙釐清相對抽象的尺度。當我們將百萬及億萬都轉換成秒數時，就能更快了解這兩個數字之間的不同，從足球場一端走向另一端時，也能更深刻了解光年的概念。選擇模稜兩可的丈量工具不一定有任何幫助；將上兆美元的現金堆疊起來無法促成一段關於國債的有效討論。然而，將數字詮釋成實用或切題的尺度能改變思考或行為模式。將高空自由落體的死亡機率比擬為總共 100 萬字的《哈利波特》全集，能讓我們對於在死前是否該去體驗一次自由落體感到心動。當數字能促使我們產生從高空飛行的飛機中一躍而下的勇氣時，你就可以了解到數字詮釋的魔力了。

人性化比例：金髮姑娘原則 [11]

剛才示範過不正確的比較方式——將價值一兆美元的現鈔層層疊起，將可以達到地球大氣層的最上層——這個畫面實在太荒誕，讓大家根本無從思考。

有些事物龐大到無法丈量——例如地球到太陽的距離、海洋的體積、或是聖母峰的高度。而有些事物則是過於微小——諸如奈米粒子、病毒、或是成功買到防彈少年團（BTS）演唱會門票的機率。為了理解比親身經歷來的更大或更小的事物，需要將數字轉換為更人性化的比例。

若是與其他山脈比較，該如何衡量聖母峰的高度呢？首先，可以先將自己的尺寸縮小。

在中間欄位的數字詮釋：若是將人類縮小為大約鉛筆後端橡皮擦的尺寸，聖母峰就會等比縮小為大約 7.5 層樓高的樓房。這棟房子在日常經驗之中沒有太多類似的比較值；它

11　金髮姑娘原則（Goldilocks principle）：恰到好處的事物，就是最好、最適合的。

對居住在城市的人們來說太矮，對於住在郊區的人們來說又太高。

聖母峰的高度為29,000英呎。	若是我們的身高等於鉛筆後端橡皮擦，則聖母峰就會是一棟大約 7.5 層樓高的房子。	若是我們是大約 6 張撲克牌的厚度，則聖母峰的高度就約為郊區常見的兩層樓高、還有一個小閣樓的透天厝。

右側的數字詮釋：貼近大多數人的經驗。若是將人們縮小成大約 6 張撲克牌的厚度（這讓我們能輕鬆使用 1：1,000 的比例），聖母峰就會是一棟 29 英呎高的樓房，就像郊區常見的兩層樓透天厝。而世界上第二高的高峰——K2——則會是大約 28 呎 3 吋，大約比聖母峰矮了 9 英吋。

使用正確比例能客觀地看待事物並洞悉正確見解。可以想像出那一疊撲克牌在這兩棟樓房顯得有多渺小；但最讓人驚訝的，卻是 K2 和聖母峰的高度有多相近。而且它甚至不是唯一高度近於聖母峰的高山。在該處的喀喇崑崙山脈有許多高山，科學家甚至沒有一一取名。喜馬拉雅山脈一共有超過 100 座 23,000 英呎以上的山峰，而在我們的比例模型上，這些山峰的高度將會等於 23 英呎。這些便是全世界最高的高山。

事實上，喜馬拉雅山脈位於平均高度 148,00 英呎的青藏高原之上，讓此山脈的山峰便已經居於高處。

你可以將這充滿高山的亞洲區塊，想成能容得下數個城市的社區。它的樓房（高山）約莫 23 至 29 英呎高，而聖母峰正是其中最高的。這些樓房共享一個架高的庭院：青藏高原，高度約 14 呎 10 吋。

這些山脈比起其他社區，又是如何呢？洛杉磯山脈（Rocky Mountains）最高的山峰為 14 英呎又 5 英吋，甚至比那架高庭院還要矮。阿爾卑斯山脈最高的白朗峰（Mont Blanc）高度約 15 呎 9 吋，至少能探頭俯視青藏高原。阿帕拉契山脈（Appalachians）最高處約 6 呎 11 吋。此高度能讓一位平均身高的人伸手觸摸它的山峰。蘇格蘭所謂的高地區（Highlands）最高不過 4 到 5 呎。比起數張疊起的撲克牌當然是非常高，但比起世界上最高的高峰，卻是霄壤之殊。

雖然花費了一些時間建立起此模型，但比起多年來隨意瀏覽地圖模型或甚至在學校課堂中的學習，如此簡單的尺寸轉換能更深入學習世界地理。而重點無非是使用正確比例。若將山脈模型的尺寸訂得太高，那麼所有山脈看起來都同樣高聳入雲。訂得太矮，則會無法辨識出不同山脈的高度差異——同時，也無法使用矮矮的一小疊撲克牌來表示人類了。

優秀的人性化比例，會使用常見的日常事物來當比例尺。請使用具體而熟悉的物件。

還記得之前學到的內容嗎？世界上僅有 2.5% 的水是淡

水，其中超過 99% 的水位於冰川或是雪地。人類和其他動物實際上能飲用的水，只佔了世界上的 0.025%。

若是全世界的水都被灌入一個奧運規格的游泳池中，人類就只能飲用其中的 46 加侖──大約是放滿一個普通大小浴缸水量。	若是全世界的水都被灌入一個 1 加侖的水瓶，人類就只能飲用約 20 滴水或甚至更少。

上述游泳池和水瓶的比較，都比百分比更淺顯易懂。

但雖然奧運規格的游泳池形象具體，卻不是大眾所熟悉的規格。或許曾親眼或在電視上看過這樣的游泳池，但卻無法立刻得知它的容量。

大家都一定看過他人使用例如「奧運規格的游泳池」、「大象」、或是「大型客機」這類丈量單位，因為有「大即是美」的偏見，因此體積越大似乎就越能令人讚歎的比較規模。然而，「大即是美」讓人印象深刻，但卻無法協助理解。在某個時間點後，也不再試圖理解了。

在上述聖母峰例子中，採取了截然不同的方法：將龐大的山脈縮小、成為一般尺寸的房屋。這就是人性化比例的優勢所在。多年來，都只是仰望著山脈，但現在卻學習到了地理知識。

除了規格問題之外，「大即是美」也無法喚起熟悉的親身經驗。未曾在奧運規格的游泳池裝過水，也未曾從浴缸中喝過水（希望啦）。我們無法將這些資訊與自身經驗串接。

但在第二個範例中使用的單位是 1 加侖的水瓶。你一定曾灌滿過 1 加侖水瓶，也曾喝過幾滴水。右側的比較方式用能輕鬆聯想到的方式呈現資訊，也無須想像喝到游泳池中含氯的水會是什麼味道。

以下是比起「大即是美」，日常雜物如何能更有效呈現和比較資訊，並讓受眾體認到其資訊難能可貴之處的另一個例子。以下敘述來自於傑佛瑞・克魯格（Jeffrey Kluger）的《阿波羅 8 號：一段人類第一次航向月球的刺激故事》（*Apollo 8: The Thrilling Story of the First Mission to the Moon*）。

為了安全進入大氣層，搭乘阿波羅 8 號的太空人們需要瞄準一段僅有 2 度寬的進入點。

請將一顆棒球和一顆籃球放在地上，而這兩種球需相隔 23 呎──這大約是 3 分線距離籃框的距離。請準備一張紙：

「若是地球是籃球的大小，而月球則是棒球的大小，則這兩個星體相距彼此大約 23 呎，且太空梭能重新進入約 15 英哩寬的大氣層，進入口大約就是一張紙的厚度。」

為上述範例找到正確尺寸規模不是一件容易的事。它包含 4 個必要的量度：地球的尺寸、月球的尺寸、這兩者中間的距離、以及紙一般薄的大氣層進入口。但若目標正確，這四種量度都能同時被轉換成更人性化的規模。若是嘗試增加進入口的厚度（例如用信用卡的厚度來呈現），則地球與月球間的距離將會寬到無法放入任何正常比例的室內。如此簡單的描述方式——既易懂又容易再現——能讓人讚歎 NASA 任務之困難：在最常見的計算工具還只是一把計算尺的年代，竟能使用低科技智慧進行如此精確的行動。

　　能將過大的尺寸縮小，也可以放大檢視微小的規格。以下關於沙漠螞蟻（desert ant）絕佳導航力的例子，來自一本關於大自然界不同物種之導航力的書：

「為找尋食物，沙漠螞蟻會離開巢穴數百公尺遠；以人類角度來看，沙漠螞蟻行進距離的半徑能達到 38 公里。而一旦這些螞蟻找到食物，它們便能筆直歸巢、且航行距離的誤差不超過 1 平方公分。」	「以人類角度來看，沙漠螞蟻行進距離的半徑能達到 38 公里」——比華盛頓特區（DC）的市區還大，可以一路從馬里蘭州的美國國家衛生院（National Institutes of Health）延伸至位於維吉尼亞州的五角大廈（the Pentagon）。「而一旦這些螞蟻找到食物，它們便能筆直歸巢、且航行距離的誤差不超過 1 平方公分」——大約是一顆 M&M 巧克力的大小。

將這些螞蟻和距離轉換成更加人性化的比例之前，是否很難體會這些螞蟻會為了找尋食物離巢多遠？一旦發現這些螞蟻的行進距離竟然等於 DC 市區的大小，我們會對螞蟻的絕佳導航能力更加敬佩。想像一下你緩步走過美國國會大廈、華盛頓紀念碑和白宮並來到一個岔路；一頭是各國的大使館，而另外一頭則是通往五角大廈，而你無時無刻都清楚知道該如何走、在哪處轉彎，並能直線回到你的旅館房間。Google MAP 也不再是必需品了。

　　以下是另一個放大比例的例子，而這次要放大的是時間單位。對一般人而言，光速和音速幾乎沒有任何差別——其中的間隔實在太短暫了。假如能將它們慢下來、並延長抵達時間呢？

光速的行進距離為每秒 186,000 英哩。音速則是每小時 760 英哩。

想像一下正在準備倒數跨年，在 1 月 1 日的凌晨 12 點會施放盛大煙火。在 12 點時，你準時期待煙火到來，而在 10 秒後，煙火的璀璨光輝映入眼中。那是你一生看過最盛大的煙火表演。

問題：何時才會聽到煙火的聲音呢（假如能聽得見）？

答案：若是 10 秒後才看到煙火，那聲音一直到 4 月 12 日才會傳到你耳中——剛好趕上 4 月的梅雨季，而其他人很可能誤認為那是即將帶來春暖花開的前兆。

前述的例子將兩種速度都換算成更人性化的比例。為了找出能同時聚焦於「10 秒」和「4 月 12 日」以強調光速和音速之間的差距，我們下了一番功夫，直到發現倒數跨年便是最好的場合。跨年前，會一秒一秒的倒數時間，直到跨完年後，又會回歸到使用一日、一週、和一個月的日常。

放大比例同樣能運用於衡量財務數字的差距。

西北大學（Northwestern University）的研究學者們認為，每個有孩童的黑人家庭的資產、比起同樣有孩童的白人家庭的資產，大約是 1 美分：1 美元 [12]。	為理解這兩者之間差異的含義，請思考以下兩個場景：假設一個孩童摔斷了腿，看醫生的費用是 1,500 美元。若是一般白人家庭在活存帳戶存有 2,000 美元，則黑人家庭的帳戶中僅有 20 美元。假設到了退休年齡時：白人家庭擁有 5,000,000 美元的資產，而黑人家庭僅有 5,000 美元——很有可能他們無法安心退休。

上述很有可能因為日常用慣了例如「一本萬利」這樣的成語，不會特別注意到美分和美元的差距。無論是 1 美分或是 1 美元，都無法在一生中造成劇烈改變。雖然兩者的規模都看似人性化，但代表的財務衝擊卻並非一目瞭然。

12　1 美元 =100 美分。

與其觀察幾分幾毛的差距，將目光放在財富資產會造成確實差距的兩個場景。是否有足夠存款，在需要支付急診費用時會格外明顯。而在考慮能否安心退休、還是存款只能再用幾個月時也相同。

　　因為需要放大的規模是等比放大（1 美分對上 1 美元），要放大上述例子相對容易。比例原先就能讓人輕易放大或縮小。但有時，需要多採取一個步驟才能將微小事物放大到更人性化的尺寸。需要相加起來，直到它們夠大、夠引人注目。

　　在觀察優秀老師時，研究發現這些老師會花許多時間思考時間管理。效率高的高中數學老師會事先在白板上寫好一個習題，並在學生們進教室時，要求他們做該習題（例如，「找出角度 A 與角度 F 相等的證明」）。接著，在上課鈴一響起，老師就會馬上開始討論該習題。如此一來，學生便會學到在上課前必須完成習題。

　　你該如何說服其他老師也開始使用這樣的教學模式呢？

| 「你每要求學生預先完成習題一次，便能多得到 5 分鐘的討論時間。」 | 「以一整年而言，每堂課增加 5 分鐘就等於在一個學年增加了 3 週。試想，若是你多出 3 週的教學時間，你就能傳授更多有趣或很酷的內容。」 |

從教師的觀點來看，額外的 5 分鐘討論時間似乎不算什麼。有些老師可能想不到可以做些什麼；有些老師也可能不願意花時間準備額外教材。但一年下來，如果能讓一堂課多出 3 週，任何有教學熱忱的老師應該都會對這類真實結果感到認同。額外的 3 週代表能教更多老師在乎的內容、也代表減少許多面臨期末的壓力。若是一個簡單習題能達到如此成效，就值得放手去做。

無論是否擔任教職，以下這個例子都能應用在生活中：

美國人平均一天會在社區網站花上 2 小時。

對比

如果願意在每週五放棄滑 2 個小時的臉書（Facebook），5 個月後，你就很可能已經閱讀完整本《戰爭與和平》（*War and Peace*）了。而你僅需要在週五放棄滑臉書而已。

再一次，這並非多麼困難的介入治療：單純只是一天，並不是要求你再也不上臉書。若不想用額外的 2 小時工作或健身，那 2 小時也並不能大幅改變人生。

然而，在從滑臉書改成閱讀一段時間之後，你就能得到莫大而真實的迴響。以下是在 5 個月內能完成的事物：（1）

閱讀《戰爭與和平》：讓你的俄國朋友或鄰居對你改觀吧，你再也不會需要買伏特加、也不會想再喝伏特加了；（2）讀完《魔戒》全套：與你內心深處的阿宅一起探索這個世界並學習說精靈語言吧；或者是（3）讀完《大英百科全書》（*Encyclopedia Britannica*）所推薦的半數「史上最傑出傑作」——包含《大亨小傳》（*The Great Gatsby*）、《簡·愛》（*Jane Eyre*）、《紫色姊妹花》（*The Color Purple*）、及《瓦解》（*Things Fall Apart*）。

上述活動全都能讓你與朋友相聚（在打完疫苗後，與朋友的實體線下聚會）時，討論的話題內容。雖然並非你一生中最大的成就——並不像學會說中文、專精於物理學、或是成為機械工程師如此了不起，但身為一位成年人，像這種重要的學習里程碑教會我們的事，就是專注力的重要性。

無論是在縮小山脈或是加總時間的片刻，人性化的規模能讓過往經驗產生共鳴、也更能留意到細節。當我們看到巨大或是微小（例如用顯微鏡才能看到）的事物時，當然能馬上了解與慣常熟悉規模的差距，但這世上仍有許多熟悉的規格，我們卻無法全然理解的事物。

在將沙漠螞蟻的導航能力轉換成人類規模之前，或許也會對那些為了食物奔走上百公尺的螞蟻感到佩服，但那是非常抽象而模糊的佩服。在面對人性化的規格時，最能理解事情的真相。在面對人性化的規格時，對沙漠螞蟻那抽象而模糊的佩服，會轉化為深刻的尊敬。沙漠螞蟻的航行能力，可

以和航海家麥哲倫（Magellan）和倫敦計程車司機並列為史
上最傑出的導航能力。若是受眾不把你的數字當一回事，請
試著將它們放大或是縮小成為更人性化的規格。

第 3 部分

使用感性、驚奇和別具意義的數字促使他人以不同的方式思考或行動

感性訴求遠勝乏味的統計數字

在 1850 年代、歷經克里米亞戰爭（Crimean War）後的英國出現了一種全新的英雄。從戰略角度而言，那場戰役是英國的勝利——英國與歐洲和土耳其聯合抵擋俄羅斯入侵。然而，對英國軍隊而言，那是一場艱苦的戰役。對眼睜睜看著士兵面臨感染和人手不足的英軍醫院而言尤其難捱。而國外新聞也真實地將這一切傳回了英國本土。在 1855 年的戰亂年代，倫敦《泰晤士報》（*The Times*）寫道：「甚至沒有足夠的麻布製作包紮傷者的繃帶，傷者只能不斷承受痛楚。」

拯救士兵生命的南丁格爾

拯救軍隊免於慘痛命運的英雄並非某位將軍，而是一位 34 歲，名為弗羅倫斯‧南丁格爾（Florence Nightingale）的行政人員。她在戰前曾服務於一間照顧上流社會女性的醫院。南丁格爾來自富裕家庭，她從小就是一位果敢又好學的女性，並勇於探索推廣藝術和音樂被認為是上流女子以外的學科。她熱愛閱讀、曾向父親學習數學、科學、和古典文

學，也曾在德國的凱撒斯維特醫院（Kaiserswerther Diakonie）一家教導路德教女性教士的醫院和訓練中心學習藥理。

在 1854 年，南丁格爾向陸軍請願，希望與她親自招募的 38 位志工護士們前往前線以協助當地醫院。到達土耳其時，她們看到遍地慘狀。醫院裡滿是老鼠、士兵身上的染血繃帶也數天未更換。士兵所吃到的少少食物也經常已經發霉、腐敗、發臭。

往往一天工作 20 小時，南丁格爾一人扭轉頹勢。她站著吃飯；她哀求英國人民寄來乾淨毛巾；她整理醫院的所有器材，並設定各式規則以確保供應商提供的食物健康而未腐敗；她也持續收集數據。在戰爭結束時，她不僅重新整頓了前線醫院系統。在戰爭下半場，死亡率大幅降低，而她也成了國民英雄，全國的報紙都在讚揚她的努力。

雖然她回國時已成了備受寵愛的全民英雄，但南丁格爾卻認為她的任務不僅是協助克里米亞戰爭。她做出「若非有重大改革、在戰場上奪走許多性命之毫無章法或程序的情況，將繼續造成人命傷亡」如此正確的判斷。她有足夠影響力能與英國女王和軍隊領袖們會談，也握有能支持她理論的統計數據。但她還是面臨了一場困難的戰役。她需要說服身居高位、討厭改革的人們——軍隊長官、醫生、以及貴族們——就算在歷經長年的戰爭後，他們仍然無法開始享受過往安逸的生活。

對南丁格爾與她的朋友，醫師兼統計學家威廉‧法爾

（William Farr）而言，數字是明確易懂的。事實上，在法爾某次抱怨自己需要寫乏味的統計學報告後，南丁格爾甚至寫信責備他：「你抱怨你的報告會很無趣。越無趣則越佳。統計數字應該是所有讀物中最乏味的。」然而，當南丁格爾需要向大眾陳述她的論點時，她並沒有使用乏味的統計數據。在她的信件、文章、和誓詞中，南丁格爾用生動且有說服力而創新的方式呈現各式數據。

南丁格爾用數字推動革命

南丁格爾了解，改變不會因為人們了解數字而發生。她需要正確的詮釋數字來推動關鍵人物做出改變，讓他們願意採取行動並推翻系統阻礙、推翻造成克里米亞戰爭慘劇的政策。她需要將數字詮釋得更強而有力、更感性，促使人們採取行動。

南丁格爾的思考方式可能超前了她的同儕一個世紀之久。她用改變籃子（基數）的大小來呈現數據。

在戰爭剛開始的 7 個月，13,095 位士兵裡，有 7,857 位身亡。	南丁格爾的詮釋：每 1,000 位士兵，就有 600 位身亡。

原則：使用小而相似的籃子當成測量基數。

南丁格爾首先將數據降為能輕易與其他死因相比的數字。還記得我們推薦過使用較小的籃子來測量嗎？「在每五位士兵中，就有三位可能身亡」能讓此數字對一般民眾而言更清晰可見。

然而，我們也說過，請盡量使用受眾熟悉的數字，而軍隊領袖和規畫政策的官員們都慣於做出會影響到多數人群的決策。此處的數字僅是幫助南丁格爾表達她更重要的比喻——而該比喻應該也會是巨大的數字。

她將比喻的重點放在引起情感迴響。

用統計學角度做的詮釋：每 1,000 位士兵，就有 600 位身亡。	南丁格爾的詮釋：「在克里米亞戰爭的前 7 個月，光是病死的士兵，死亡率就超越了倫敦大瘟疫（the Great Plague of London）。

原則：使用貼近對方自身經歷的事物（詳情請見下一堂課）來創造出更加生動的比喻。

倫敦大瘟疫——意指黑死病或淋巴腺鼠疫——是英國史上最知名的瘟疫災難，對所有倫敦人而言都是一個無法遺忘的經歷。

在軍方醫院裡，25 到 24 歲的英國士兵在非戰亂時期的死亡率是每 1,000 人中約 19 人。而倫敦醫院的平均數據則是每 1,000 人中 11 人。	南丁格爾的詮釋：「英國陸軍的死亡率為每 1,000 人中 19 人，但平民老百姓的死亡率卻是 1,000 人中 19 人。這就如同每年將 1,100 位士兵帶到索爾茲伯里平原（Salisbury Plain）並射殺他們一般的不公不義。」

原則：具體並生動的呈現數字。將士兵們排排站並射殺是一幅多具體又恐怖的畫面（比起你想到「因為感染惡化而失去了一位士兵」時可能並無過多感觸）。

上述的「1,100 位士兵」是將非戰亂時的士兵死亡率乘以軍隊人數。索爾茲伯里平原並非國外戰場，而是位於英國的礦場，你可能在它最著名的地標，巨石陣（Stonehenge）中看過這地方。將虛構的處決刑場設為此處能讓數據顯得更為生動而具體；這場殘忍的殺戮並非發生在某個陌生的國外戰場，而是時常用於展現英國軍隊實力的閱兵場地。

南丁格爾用了一個她的受眾已經深刻了解的比喻：

我們每年都損失 1,100 位士兵，這本來可以避免的！

> 南丁格爾的詮釋：「既然聽說博肯海德號（HMS Berkenhead）是因為疏忽而發生造成 400 人喪命的船難時是那樣的驚恐；那麼每年都會因為可避免的原因造成 1,100 位英國士兵在本地喪命，這時的我們又該如何反應呢？」

原則：請詳見下個關於比較的章節。博肯海德號事件，是一個能引起憤怒和悲傷的故事。

博肯海德號是發生於 19 世紀的翻版鐵達尼號事件──一艘大家都認為絕不會翻的船隻，遇上了悲劇性的結果。船上的 400 位英勇士兵們讓婦孺們優先坐上救生船，而在救生船滿了之後，他們也隨著大船一起沉沒。雖然沒有任何紙本證明，但本次事件據說是「禮讓婦孺」一詞在英國流傳的起因。南丁格爾雖然沒有直接指出一年身亡的士兵人數約為博肯海德號罹難者數字的三倍，但她也沒有這個必要。因為，「比博肯海德號更糟」就已讓受眾了解用意。

善於激起情緒

她生動、慷慨激昂、又活潑的數據奏效了，讓她仔細測量出的問題能一舉被英國最高層的領袖們聽見。

南丁格爾非常善於激起情緒──請回想一下她為達目的所喚起的不同情緒來源。她提到英國的黑死病時期。她用當時的頭版新聞、博肯海德號船難悲劇當比喻。她冀望能激起

關於道德哲學的辯論，因此她用每一年喪命的人數——是蓄意謀殺還是消極的不聞不問呢？——來責問軍方高層：為何我們能容許每年 1,100 位士兵因為不良的衛生環境而喪命、卻絕不會考慮在索爾茲伯里平原著名閱兵場地槍殺這些士兵（比起因為病情而緩慢死去，或許士兵們會較願意接受這種死法呢）。

在英國軍方接受了南丁格爾的想法後，疾病和死亡率都因此下降；住院的平均天數也同樣下降了。軍方原先「為 10% 的軍人們準備了醫院床位，但在戰後改善了衛生條件後，僅需要準備床位給大約 5-6% 的軍人。」在南丁格爾聽說軍方了解到自己準備了過多床位的新聞時，她語帶諷刺的說：「病患人數急速下降導致病房都住不滿這一點，不能算是我們的錯吧？」

南丁格爾完成了大家認為不可能的事：身為一位在維多利亞年代沒有頭銜、當選職位、軍方階級、或是醫學學位的英國女性，她成功說服了貴族、醫生、和將領們用截然不同的角度了解這個世界。

一位歷史學家寫了一篇關於南丁格爾的文章——「充滿熱情的統計學家」——她從未遺忘在戰亂時，眼睜睜看著士兵在醫院死去的恐懼。她在餘生都對那些陣亡的士兵們感到責任。

然而，當她需要激起他人的同理心時，她並不只是單純地訴說所見所聞。這是一個常見的錯誤。許多擅長說故事的

人們僅是訴說自己的遭遇、並指望他人能和自己一樣產生共鳴。如同知識的詛咒一般，人們會忘記自己之所以會特別重視特定事物是基於過往經歷，而他人並不一定有過相似經歷。有些受眾甚至認為過於情緒化會降低客觀性，因而抹黑那些訴說親身經歷的人。

身為統計學家，南丁格爾藉由融合客觀分析和喚起人心的動人比喻來避免上述陷阱。與其探討該如何將她的心情分享給受眾，南丁格爾將焦點放在能讓受眾產生她想表達的情緒的事物上。她想表達的是悲劇和創傷；並了解受眾已經從瘟疫和博肯海德號船難事件中體驗到這樣的情緒。與其從零開始慢慢堆疊情緒，她瞄準受眾心中既有的情緒，並使用邏輯、客觀的角度讓受眾了解到他們應該對軍隊中持續發生的不當醫療管理感到相同（或甚至更加）悲痛。

身為一位持續、刻意使用情緒來喚起人們對數字的感受的數學家，南丁格爾為何會鼓勵他人使用乏味的統計數字呢？或許這也是知識的詛咒──南丁格爾已經親眼見過生動的數字能帶來正面影響，但卻沒有發現到是她賦予了那些數字如此強大的力量。一位傑出的煮婦（或煮夫）在被問到備受稱讚的美食製作方法時，時常給出非常糟糕的食譜。這或許並不是他們刻意藏私，而是無法想像其他人為何無法本能地理解該如何做菜。

或許是基於某種身份或意識形態才鼓勵使用乏味的統計數字。人們似乎對於「乏味的統計數字」有某些崇高幻想。

善於分析的人們極度希望自己努力得出數字，便能解決一切問題。而歷史學家也發現在維多利亞年代時，人們對於統計數字的推崇，近乎於對宗教的狂熱。的確，一個更善於使用統計數字的社會確實有益。舉例來說，法爾、南丁格爾與團隊創立了一個能讓醫院和大眾共同申報死亡的架構，讓人們研究疾病的死亡率（例如當時心臟病的死亡率比癌症高）。若非此基礎架構，我們可能無法回答「有多少市民是死於心臟病發或是結腸癌」這般疑問。這些問題現在看似容易，但在當時已足以改變社會運動家的討論議題、並迫使政府接受現況。

萬幸的是，南丁格爾並沒有遵守她給予好友法爾的建議，她最終成為善用情感與數字的演說家。亞里斯多德（Aristotle）將說服人心的工具分為邏輯（logos）——冷酷、理性的爭論，以及情感（pathos）——刺激聽者的感情。而南丁格爾將理性爭論包藏在精確、數理相等卻能撼動人心的比喻中，在這兩者之間找到了平衡。

亞里斯多德的情感和邏輯工具無法同時出現；這兩者並無任何連貫或互動之處。然而，南丁格爾跨越了兩者的鴻溝、找出將兩者相連的方法。她創造悲傷的數字、無禮而憤怒的數字、以及充滿悲劇的數字。

就如同多數時候都無法體會到數字真正的含義一樣，我們也很難了解對於數字的感受。我們使用丈量工具來理解該如何面對抽象的數字；「土耳其的面積為 785,000 平方公里」

並無法像「土耳其的面積比加州大兩倍」一樣,帶來深入的地理概念。接下來,會教你詮釋出受眾理解數字並帶來感受的工具。而感受之所以重要,是因為在需要做出決定時,對於特定的感受會影響抉擇、也能決定對於特定事物的熱忱及如何面對挫折。如同南丁格爾一般,產出充滿感受的數字的第一步就是分析受眾現有的情緒。

比喻、天文數字、及破格的數字

他們新的中鋒有 7 呎 8 吋高。	他們新的中鋒比姚明還高 2 英吋。

在 2011 年 6 月，奧勒岡州波特蘭市的溫度連續數天達到華氏 112 度和 115 度。	在 2011 年 6 月，奧勒岡州波特蘭市的溫度連續數天達到華氏 112 度和 115 度。這就幾乎像是住在平均 7 月溫度可以達到 116 度的加州地獄谷（Death Valley）一樣。

　　姚明很高。雪佛蘭科爾維特（Corvette）跑車速度很快。地獄谷很熱。如果能熟記一個簡單的原則：用既有感情挖掘出新的感情，用數字傳達感情可能比想像中的更簡單。只需要找到受眾對特定事物的既有感情，接著用數字證明為何也該投注相同感情在你的主題上。這不僅是在南丁格爾的

主題：悲慘死亡——這議題本來就飽含情感——才有效。我們對許多客觀的形容，例如：很高、很快、很冷、很貴、很重要等等，也同樣賦予了許多情感。若能選對比喻，就能引發出正確的情感。

以下範例將示範在面對「國家公園的入園數」如此看似平凡的數字時，情感如何左右你的判斷：

大煙山國家公園（Great Smoky Mountains National Park）的平均每年訪客是 1,550 萬人次。	大煙山國家公園是訪客最多的美國國家公園，比起名列第二的大峽谷還多了兩倍多的訪客。

大煙山國家公園每年平均訪客是 1,550 萬人次。

我們對左側的數字並沒有太多感受。「那還真是恭喜大煙山了」可能是一個很常見的反應。原先對大煙山並沒有過多想法——它不像大峽谷這般在流行文化舉足輕重的地位。我們或許一生中會去過一次，也可能看過朋友在社交圈中張貼到訪大煙山的照片。

但既然數據能為大煙山平反，我們可以跟大峽谷比較來激起最多的情緒。聽說大煙山有數百萬人次到訪時可能覺得沒什麼稀奇——很多地方都有上百萬人次造訪——但在聽說它的訪客是大峽谷的兩倍、甚至是黃石公園的三倍時，我們

會全神貫注聆聽。

　　一旦提起了興趣，可能會開始查詢讓大煙山如此有人氣的原因。它佔地遼闊、交通方便又有許多入口；它位於人口密度高的區域且有主要道路通過；它附近有許多著名觀光景點，例如「桃莉塢」（Dollywood）主題樂園；而且入園免費！上述的優勢組合讓大煙山的訪客人數遠超過更知名的景點；若希望增加觀光收入，或許是我們該考慮到的。然而，在得知大煙山贏過了許多心目中「重要的國家公園」之前，很可能對它不屑一顧。

　　本書中許多我們最愛的範例都使用這類比喻。在將「長賜號」與廣認為非常龐大的紐約帝國大廈比擬之前，我們都無法了解「長賜號」如何卡住蘇伊士運河。在將女性 CEO 的數量與我們都認為是常見、偶爾遇到的男性名字「詹姆斯」的數量相比之前，我們都無法真的了解女性 CEO 多麼少見。美國黑人一生都需要與刻板印象與歧視抗爭，但許多非少數民族的讀者在我們將廣受歧視與帶有前科的人士找工作（我們認為這也算是一個沉重的包袱）相比之前，可能都無法了解歧視這個包袱，到底有多沉重。

　　比喻能喚起注意。

最高級與無可比擬的數字

　　賦予數字情感的重要性，在數字看似明白、但形容的事物卻無法獲得它該有的重視時最明顯。當受眾認為「你只比

競爭對手好那麼一點點」，但數字卻明確顯示你比他人都傑出非常多時，該如何說服受眾做出正確選擇？

　　有時候，第一名似乎得到過度吹捧。聖母峰的確是世界上最高的高山，但在情感層面上，它似乎獲得了過多的愛慕。如同在關於人性化比例的章節中，講到「兩層樓透天厝」的比喻時所示範的，K2 只比聖母峰矮一點點而已。許多人們認為「最高級」的事物都是這樣。「棒子爺」貝瑞・邦茲（Barry Bond）比漢克・阿倫（Hank Aaron）多擊出 7 次全壘打，但假如全壘打牆稍微矮了幾吋，這個差距即可被輕易追上。

　　以了解情感而言，更有趣的是當我們需要面對那些超乎最高級、我們稱之為「無可比擬」的事物。這些是最大或最好的事物，而第二名則連它們的車尾燈都望不到。當需要面對如此龐大的數字，我們知道自己該重視它們。確實，似乎根本不可能遺漏掉如此大的數字。

　　但我們卻時常遺漏。

　　你或許在學校學過，尼羅河是世界上最長的河流，但亞馬遜河卻是水流量最大的。這或許只讓你認為這兩條河同樣不凡；它們都在各自的領域稱霸。然而實際上，做為世界第一長的河流，尼羅河只比亞馬遜長了一點點——在特定測量算法中，它甚至不是世界第一，但無論用任何測量方式，亞馬遜河都是最大、最寬、和水流量最多的。

　　亞馬遜河是世界上最大的河流，遠超其他河流。在世界

上最大的 11 條河流中，有 4 條會流進亞馬遜河。就算將其他 7 條世界上最大的河流——包含剛果河、恆河、以及長江——都併在一起，亞馬遜河仍然較大。

上述關於世界上最大的 11 條河流的分析，能根除任何關於世界上哪一條河最大、或是該對哪一條河感到最敬佩的疑慮。有注意到我們的做法嗎？我們將其他相對可敬的對手相加、並展現出亞馬遜河還是能超越他們。

若是將此原則應用在汽車行業，請聚焦於特斯拉（Tesla）。此公司的投資人深信它具備改革的潛力；在 2021 年時，特斯拉的市值比它的競爭者（包含通用汽車、福特、豐田、本田和福斯）加起來都高。你看到以上的數字詮釋無須任何數字、僅用具體單位就能呈現這樣驚人的領先幅度嗎？在面對無可比擬的數字時，我們無須依靠數字便能呈現出它的優越地位。

另一個策略，則是呈現此事物刻意降低優勢後，依然保持領先地位。舉例而言，在加拿大國家冰球聯盟（NHL）的得分紀錄保持人是「最偉大的球員」韋恩・格雷茨基（Wayne Gretzky）。就算扣除所有的個人得分，格雷茨基仍然是得分紀錄保持人，因為助攻的分數比個人得分的更多。不僅個人表現亮眼，更是一位具備團隊精神的球員。

有時，光是比眼下的競爭對手更傑出還不夠。你可能需要將數字與截然不同的事物相比。

破格的數字

以經濟實力來看，加州比其他 50 州 的 GDP（Gross Domestic Product，國內生產總值）都高。	若加州是一個獨立的國家，它就會是世界上第五大經濟體。

　　無論加州的經濟狀況比其他州好得再多，對於一個單獨的州的經濟實力想像還是有限。但假如想像加州以一個獨立國家的身份，參與經濟高峰會、並可以和其他世界大國平起平坐，我們對於它的影響力就會豁然開朗。

　　將加州比擬為國家是一個稱為「**破格**」的方法——**將特定事物與完全不同等級的競爭者進行比對**，就如同在此處將加州與世界各國比對。

　　從健美先生搖身一變成為電影明星，又成為加州州長的阿諾・史瓦辛格（Arnold Schwarzenegger），在他年輕時，他曾如此稱呼一位同為健美先生的可敬競爭對手：「他手上的不是手臂、是腿。」如腿一般粗的手臂、如國家一般大的城市、就像在午餐時間作亂的學生一般討厭的妹妹。破格形容詞富含情緒，並藉由比喻增加對該事物的敬佩。

　　在 2020 年，蘋果（Apple）市值一度達到 2 兆多美元。假如蘋果是一個國家，它的股東是國民，而其國民的經濟來源僅限於蘋果股票，蘋果的總財產仍會領先世

界上 171 個國家中的 150 個，包含挪威、南非、泰國和
沙烏地阿拉伯。

若曾懷疑擁有重要經濟實力的大企業，對於政府是否會
很難管制，以上關於蘋果的統計數字，能讓你細細琢磨。

目標是找出一個能最大幅度展現出數字的重要性的參考
類別。假如目標是讓人們理解牲畜對溫室氣體排放的影響
力：或許可以考慮其他參考類別——想呈現的影響力，能用
一座城市形容嗎？那國家呢？若可以用國家形容，會是大國
還是小國呢？一個理想的參考框架，能結合準確度與驚奇。

在全球的溫室氣體排放總量中，有 14.5% 是牲畜所排放的。	「假如牛是一個國家，」它們就會是全世界第三大溫室氣體排放國。它們比沙烏地阿拉伯、澳洲、或印度所排放的溫室氣體更多，「並超越所有歐盟（EU）國家的總排放量。它們的排放量只低於中國和美國。」（原文參考朱棣文（Steven Chu）。）

第一則統計數字看似毫不稀奇。我們知道農業是經濟體
中的一環，而 14.5% 也看似不多。

然而，當《紐約客》（New Yorker）雜誌記者泰德‧佛
蘭茲（Ted Friend）向我們提出「假如牛是一個國家」的挑

戰時，正面迎戰畜牧業似乎是難以避免的責任。任何對於氣候變化的解決方案，似乎都包含要求印度或歐盟、以及諸如沙烏地阿拉伯這樣的主要產油國家做出改革。在歷經此破格的比喻，實在無法想像任何解決方案會排除改革「牛國」這個比其他國家的排放量都大的類別。

在使用精確的破格比喻時，擅長數字分析的人可以更加發揮所長。喜歡數字的人群往往會對形容詞感到不信任，因為感覺過於輕浮而缺乏實體。然而，剛才看過的幾個例子都非常具體而果斷。當發揮效果時，破格比喻甚至能結合不同領域，並讓使用者獲取新知。若能同時傾聽感受並尊重數據，就能跨越許多世界上的鴻溝。

第 11 課
情緒的波動：
對的組合能譜成最動聽的樂章

目前為止都著重於如何喚起受眾的情緒——能喚起受眾本身已經歷過的情緒的單一比喻。清楚知道人們覺得巴黎鐵塔「很高」、對電影《鐵達尼號》（Titanic）感到「悲傷」、在經過連續 6 個小時的視訊會議後，感覺「疲憊」。若是將數字與這些經歷相比，便能喚起相呼應的情緒。

然而，有的時候與其使用單一比喻，希望能像交響樂曲一般，結合不同元素以喚起受眾更深層、更強烈的共鳴。

請參考一下於 1953 年 4 月 16 日，艾森豪總統（Dwight Eisenhower）對著美國報紙主編協會（American Society of Newspaper Editors）所發表之著名「和平機會」（Chance for Peace）演說：

> 以結局而論，我們每製造一把槍支、每推出一艘戰艦、每發射一個火箭，便是剝奪了那些正在挨餓、受凍的人們的機會。

這個推崇武器的世界並不只是在花錢而已；它浪費的是勞工的汗水、科學家的才智、和孩童的希望。一架現代化轟炸機的成本，能在超過 30 座城市用紅磚瓦搭建學校；架設兩座能個別供應 6 萬居民電力需求的發電廠；建設兩棟設施完善的醫院；也可以建設約 50 英哩的高速公路。

　　一架戰鬥機的成本，相當於 50 萬英斗的小麥。一艘驅逐艦的成本，能讓我們蓋足以容納 8,000 人以上的房屋……這樣並不算是真正活著，在戰爭的威脅下，我們的人性也在鐵幕前岌岌可危。

　　艾森豪是創造具體的數字詮釋的先鋒；與其使用金錢價值，他選擇用能改變人們生活品質的種種事物來表達戰爭的開銷。但他的演說不僅僅是隨機拼湊而已──個別來看，學校、電廠、醫院或是道路，都是政府的預算項目，但合起來時，它們代表的是更好的社會、更美好的未來。

　　這般數字詮釋的關鍵在於選擇貼近主題的元素，好讓彼此相輔相成卻不會顯得累贅多餘。若是披頭四（The Beatles）是由四位約翰・藍儂（John Lennon）或是四位保羅・麥卡尼（Paul McCartney）組成，就無法如此成功──這個組合之所以成功，是因為每一項樂器、每一位成員，都能相得益彰。

　　並非只有呼籲美國停戰這類正經八百的題材才能使用和

諧的一連串比喻。題材也可以如同填糖一般淺顯易懂。

乏味的統計數據：	詮釋方式：
一杯 12 盎司的優鮮沛（Ocean Spray）蔓越莓蘋果汁，有 44 克糖——相當於 11 茶匙的糖分。	以糖分而言，飲用 12 盎司的優鮮沛蔓越莓蘋果汁，就等於吃下 3 個 Krispy Kreme 糖霜甜甜圈……再加上 4 顆方糖。

　　若是單純將果汁與幾個甜甜圈、或是 19 顆方糖相比，此資訊的衝擊就不會顯得如此巨大。3 個甜甜圈很多、但沒有多到可怕。11 顆方糖也很多，卻是個有些抽象的概念——除非是一匹馬，要不然一般人應該不需要用如此方式來獲取糖分。

　　然而，甜甜圈和方糖共同譜成的樂曲，卻能達到吸引注意的效果。這個組合對一般成年人而言有些過甜——可以想像一口氣吃下 3 個甜甜圈之後有些不舒服，卻還需要吃下 4 顆方糖。這首甜膩的協奏曲帶來的訊息非常明確：雖然果汁名字有「蔓越莓」和「蘋果」，但它並非一款健康的飲品。

　　我們也可以告訴你優鮮沛蔓越莓蘋果汁含有相當於可口可樂的糖分。然而，雖然對這個事實感到驚訝，卻無從得知上述兩款飲料中到底含有多少糖分。況且這兩款飲料的糖分並不完全一致：以一杯 12 盎司的含量而言，蔓越莓蘋果汁

的糖分比可樂還多了 1 茶匙。可以想像同事很有耐心的打開一罐可樂、並用小茶匙緩緩加入一匙砂糖的畫面。

就像從南丁格爾身上、以及從以下現代醫學的數字詮釋中學到的，在傳達嚴肅話題時，使用會與受眾產生情感共鳴的比喻組合。以下範例將焦點放在如何對一個鮮為人知的死因建議救命方針。

每年在美國有幾乎 270,000 名病患都因敗血症而過世。位於北加州的凱撒醫療（Kaiser Permanente）近期發明了一種能降低 55% 的敗血症死亡率的方案！若是將此方案推行至美國所有醫院，就能在每一年挽救 147,000 條性命。這數字比救活每一位乳癌的女性和每一位罹患前列腺癌的男性加在一起還大！

乳癌或是前列腺癌，就能讓人感到沉重，但將他們合起來能讓所有性別的所有讀者都感到這項議題與自己相關。這兩種癌症有相似之處：乳癌是美國女性的第二大癌症死因，而前列腺癌是男性的第二大癌症死因。它們在我們的腦中也有相似之處：這兩種癌症都有相關的遊行、募款活動、宣傳防治月以及蝴蝶結行動。

假如能拯救所有因這兩種疾病而死的人呢？我們可以想像得出來，若是真有解方該有多美好。一旦得知：已經有人發明能拯救如此多人（以及未來的許多人）的醫療方針，只會有一種反應：「那還不趕快去做！」

有時，加入更多內容只會讓原先比喻不協調，就如同下

面的例句。假如你是一位企業家，而產品對超過 5 百萬名市民而言效果最佳，因此你正努力說服團隊開發中國市場。

　　中國最大幾座城市的人口，就等於東京、新德里、首爾、馬尼拉、孟買、聖保羅、墨西哥市、開羅、和洛杉磯——加起來的總人口。

　　比起協奏曲，這更像是過多的噪音。在思考馬尼拉時，早已被之前的資訊所淹沒。每一個都是截然不同的城市——每一個城市都需要長途飛機才能前往下一個目標——不可能一次記得所有城市還能融會貫通。「東京、新德里、首爾、馬尼拉、孟買、聖保羅、墨西哥市、開羅、和洛杉磯的共同之處是什麼？」聽起來像極了根本沒有答案的腦筋急轉彎一樣讓人煩躁。
　　請參考以下這個簡潔許多的例子：

　　西歐只有四個值得我們去開發的城市：倫敦、巴黎、馬德里和巴塞隆納。但中國有 17 個大於巴塞隆納的城市，而其中 7 個甚至大於倫敦或巴黎。

　　上述數字詮釋只需要考慮四個歐洲城市，而且彼此很貼近——它們多年來建立起密切關係，在造訪歐洲時，也常是會包含的行程。另一方面，如同任何絕佳的比喻，它們也能

補足我們的短處。畢竟看過眾多將場景設於西歐偉大城市的文學和電影；就連尚未造訪過西歐的人都對它們略知一二。

　　然而，有多少人能指出與倫敦或巴黎人口相當的中國城市、更別說是與巴塞隆納相等的中國城市[13]了。任何想與國際接軌的人或組織，都會了解他們還有許多功課要做。

13　一起來試試：你認識以下幾個城市？哈爾濱、蘇州、瀋陽、佛山、杭州與東莞都比巴塞隆納大了 20-40%，但大多數美國人對它們一無所知。（這就如同歐洲人可能對美國的費城、邁阿密或是達拉斯一無所知。）比倫敦或巴黎還大的 6 座中國城市為：上海、北京、重慶、天津、廣州和深圳。（不了解這些城市就如同非美國籍的人士認不出紐約市或是洛杉磯一樣。）

第 12 課
為受眾量身打造專屬訊息

　　大腦有許多複雜交錯的聯結網路，讓我們能用許多不同方式來探討同一資訊。新資訊越是貼近腦內既有的聯結網路，就越可能牢記。或許會因為與既有聯結相差太遙遠而忘記關於陌生人的小故事，但卻會牢牢記住關於親戚的八卦。

　　在腦中，有一個比其他網路都更龐大、能更快速聯結，稱之為「自我」的網路。我們一輩子都在不間斷地思考自我。（實際上，在中學時代，有好幾年時間除了自己之外，不太有機會思考到別的事物。）因此，若是新資訊與**自身**相關，大腦就能更輕易並完整地處理這筆資訊。傳達貼近我們的資訊，會比對方登門造訪還有效——能遠離家園，卻永遠離不開自己本身。

　　那些溝通最有效的人們會找出方法，以個性化的方式呈現抽象概念。請思考一下法學院用來激勵新生的課程困難度的用詞。「第一年的退學率是 33%」是抽象的比率。然而，若是聽見「請往左、再往右看看。你們三人中的其中一人，明年秋季就不會在這所學校了」能嚇醒我們。將會立刻感受

到講者的用意。

在任一年度，你都有 20% 機率會經歷某種心理疾病；而終其一生，也有 50% 的機率會被診斷出心理疾病。	試著向坐在會議室的大家說：「在你們五個人當中，會有一個人在今年被診斷出心理疾病。在一生之中，你或坐在你對面的人，將會被診斷出心理疾病。」

　　若是數字與我無關、就算毫不相干，在使用正確的宣傳手法時，或許會被誘導並思考你的數字是如何能影響到我的人生。我們一定都曾經幻想過，在平行時空的我們會是怎樣的人。

　　在下一個範例中，有位發展經濟學家希望我們理解某個肯亞家庭面臨的危機。而她的要求，僅僅是希望受眾想像自己必須將大部份的收入花在購買食物。

肯亞的平均年收入為 7,000 美元（而美國的平均年收入為 68,000 美元）。肯亞人會花費大約 50% 的收入購買食物。	若是你需要和肯亞人花費同等比例購買食物，在你的一週收入之中，需要花 650 美元購買玉米粥或是馬鈴薯和綠豆泥這類食物。若是食物佔去了如此大的收入比例，又該如何支付其他費用呢？

在家戶財富增加時，我們花費在食物和居住上的開銷比例也會相對減少，並增加諸如教育及交通的費用。

在多數情況下，讀者們都會願意被你牽引著遨遊想像的世界。在以下故事裡，讀者能享受到將自己當成故事主角，這能增加刺激感、吸引繼續專注地閱讀。

> 傑夫‧貝佐斯（Jeff Bezos）的身價達 1,980 億美元。
>
> 假設樓梯的每一個階梯都代表你在銀行有 10 萬美元的存款；大多數人，包含半數的美國人及世界上大約 89% 的人們，都會因為存款不到 10 萬美元而無法踏上第一階樓梯。在踏上四階後，我們已超越了 75% 的美國人。而少於 10% 的人才能踏上代表擁有百萬美元的第十階樓梯。
>
> 現在，請穿上最舒適的登山鞋。你會需要爬幾乎 3 小時的樓梯才能達到代表億萬富翁的身價。
>
> 而在花了一天 9 小時、爬了 2 個月的樓梯後，小腿肌肉和鋼鐵人一樣發達之後，你終於來到象徵傑夫‧貝佐斯財富的階梯。

想像自己擁有鋼鐵人般肌肉的畫面，或許會促使你將以上的貝佐斯故事與對他的財富一無所知的朋友分享。

能促使人們在腦中演繹自己的故事——就像電玩一般，

有能過關斬將、獲得獎賞的關卡——逐漸一步步展開的敘述方式，效果是最佳的。

如果你和一般美國人一樣開的是正常油耗的自小客車，且每天開大約 40 英哩，換豐田 Prius（Toyota Prius）能幫你省下 50% 的油錢。	如果你和一般美國人一樣開的是正常油耗的自小客車，且每天開大約 40 英哩，換豐田 Prius（Toyota Prius）代表了在 1 個月後，你就能帶另一半去享受一次豪華大餐。6 個月後，你就能挑個週末去度假或為自己添購一支智慧手錶。1 年後，你省下的油錢就足夠支付一整年的健身房會員費。

　　若想呈現的資訊能自然與受眾產生連結，請盡量將焦點放在該連結。若故事並非以受眾本身為主角，大多時候你都能說服他們想像自己就是故事主角。若是人們能用你提供的資訊來採取行動並享受行動成果（或是付出代價），自然會認為你的資訊更有吸引力。

將統計數字轉換成具體行動

　　雖然「地球與月球間的距離」或「3,871 個階梯」可能看似具體，感官和記憶卻無法告知這些資訊究竟代表多遠或是距離多長。這些數字僅是抽象概念。若希望受眾能真正了解事物的具體含義，請用熟悉的行動來表達。「轉換成行

動」的用意，就是讓受眾能在腦中清楚「看見」這些事物和
行動。

第 13 課
親身經歷，更了解數字

比起被告知的事情，我們更能牢記親身經歷過的事物。這些事情會成為故事的一部份；不但深印在腦內，更能反覆說給他人聽。今天在會議時發生了什麼事？在親友詢問今天上課學到什麼時，「我們拿著一卷銅線來回走動」絕對會比「我們看了很久的長條圖」更讓你樂於分享。

刺激五感

目前用來寫工業用機器人的程式的作業系統，是在 1969 年發明的。你努力想說服大家這系統實在是太	在走進會議室時，播放 1969 年的音樂。你說：「我們稱呼那個年代的音樂『經典』搖滾樂，你們難道希望使用『經典』的科技嗎？」	在播放音樂時，提供以下視覺畫面：播放 1969 年的汽車廣告、鬧鐘收音機、電腦、轉盤電話、和老舊電視。在播放以上片段後，呈上當年轟動一時的甜點，並提醒大家：「在那個年代，若錯過電視

陳舊了……		影集的某集，很可能就永遠錯過、找不到別的方式收看了。」

　　當「播放 1969 年的音樂」時，指的是該年度動聽及不那麼悅耳的所有音樂。有些音樂可能聽過就忘──當年最紅的是一個稱為 The Archies 的虛擬樂團的歌曲《Sugar，Sugar》。該團體是卡通人物；若起得來的話就能在早上 8 點準時收看他們的節目。一旦錯過便永遠錯過了，那是一個沒有直播、YouTube、或錄影帶的年代。

　　但該年度也有許多經典歌曲，如披頭四（The Beatles）的《Get Back》、滾石樂團（the Rolling Stones）的《Honky Tonk Women》或是 B.J. Thomas 的《Hooked on a Feeling》。該年度甚至有一首由當年僅有 11 歲、還在家族樂團擔任主唱的麥可‧傑克森（Michael Jackson）的熱門單曲《I Want You Back》。在那個年代，會月球漫步的人只有阿姆斯壯而已。

　　那是個截然不同的世代──但仍在使用一模一樣的軟體來操作全世界大多數的機器人。比起單純閱讀數字，播放該年度的音樂能讓受眾感覺自己「老了」、並緬懷過去和感傷。對於年輕的受眾而言，該年代的音樂也能讓他們察覺「對耶，那是我阿嬤喜歡的那種音樂。」

若時間充裕並迫切想讓大家感受到，可以使用右側欄位的方式做出一次全感官的示範——將該年代的視覺、聽覺、感受與甚至味覺帶到當代。在享受過如此沉浸式體驗後，應該不會有人認為使用該年代的科技無傷大雅了。

讓受眾體會統計數字

人們會輕易忘記被告知的內容，但容易記起親眼看過的事情。然而，親自動手做，會成為親身經歷，並深刻烙印在記憶和直覺中。

為了讓程式工程師了解浪費任何 1 毫秒多麼可惜，霍普剪了訊號在一毫秒行進的距離的銅線並展示。1 毫秒剎那即逝，甚至無法注意到它消逝。但卻無法忽略眼前出現了 984 英呎長的銅線。尤其是在早年資源匱乏的時代，此舉能協助程式工程師們了解到無意間浪費的資源。

霍普用 984 英呎長的銅線展現想表達的數字。假如能更進一步加強這次的示範，或許就能讓程式工程師更深入地體驗該數字。舉例而言，或許可以讓程式設計師分組參加兩人三腳賽跑——就連最精壯的海軍（霍普除了是程式設計師之外更是海軍准將）都很難一口氣用兩人三腳的方式跑完 984 英呎如此長的距離。賽後，她便可以告訴他們：「你們剛剛跑完的距離就是電波訊號在 1 毫秒之內能行進的距離。請不要浪費任何時間！」

若是學生體能沒有這麼強健，也可以請兩位學生分別站

在教室兩端，並要求第三位學生在前兩位學生之間來回走動，並將銅線分別繞在他們兩位身上。完成這項活動會需要大概 5 分鐘——這段時間也能讓學生更深刻了解她想表達的概念。

從「1 毫秒」到實際上展示一條銅線、再延伸成讓學生實際走動這段距離，每一階段的數字詮釋都能讓數字更易於理解、也更加難忘。

接下來的範例是關於百分之幾、甚至於千分之幾秒。除非轉換成親身經歷，否則雖然能察覺到這一閃而過的瞬間，卻無法深刻體會到其重要性：

> 棒球打者需要在 1/4 秒——250 毫秒——之內迅速做出是否該揮棒的決定，接著需要在更短的 150 毫秒內將球打擊出去。
>
> 請在 1 秒內用最快的速度連續拍手。大多數的人能拍手四到五次。假設你也可以在 1 秒之內拍手四次；一位大聯盟球員需要在拍手的瞬間做出是否揮棒的決定，而在拍手兩次之後，這擊球的精彩瞬間也隨之結束。
>
> 若是想更深刻地體驗此數字，可以這樣做：為協助某人了解上述速度有多快，你可以讓他試著擔任打者，並找來另一個人擔任投手。先讓擔任投手的人練習在 1 秒內拍手四次，接著，請打者起立、閉上眼睛並想像他正拿著一根球棒。在雙方準備好時，請投手說：「我要投球了！」並在短暫停頓後，迅速拍手兩次。結束。

（此時，打者非常有可能會說：「你們是瘋了吧！」並假裝往地上重重扔下球棒。）

　　這般示範應該僅限於想強調的重點——意思是想讓人們牢記或在會議時頓悟的內容。有位朋友在參加少棒隊時被教練教導過類似概念，至今仍記憶猶新。當時他需要面對一位發育早熟、能投出 70mph 的六年級生（大多數六年級生的高速球都僅有 50mph，因此遇上一位超越 70mph 的投手就像是小學生突然對上高中生一般讓人緊張）。

　　該教練想傳授的是：「要能做出這樣迅速的反應，並更快速打擊出去。要先做好迅速反應的心理準備，就算準備好了，也很有可能揮棒落空。若在拍手一瞬間還沒揮棒，那就乾脆別揮棒了。無論如何，你很有可能失望沮喪，這也很正常。你並沒有表現不好，只是受限於物理罷了。」

　　下面的例子也來自於體育界，示範出參加奧運的跑步選手之輸贏，往往只決定於眨眼的那一剎那：

在 2016 年里約奧運時，「閃電」波特以 19.78 秒的成績獲得了 200 米衝刺的金牌。獲得銀牌的選手，比波特慢了 0.24 秒，而第三名到第七名的選手也分別在接下來的 0.21 秒以內抵達終點。排名最後的選手的成績為 20.43 秒。

請在 1 秒內用最快的速度連續拍手。多數人們能拍手四到五次。以下是對於這場賽跑結果的詮釋：

拍手一下：波特贏得比賽。

拍手第二下：獲得銀牌的選手跨過終點線、但銅牌選手及接下來的四名跑者也同樣跨過終點線。

拍手第三下：在 200 米衝刺項目中獲得世界上第八快頭銜的跑者，在落後其他選手們一大截後終於跨過終點線；比賽結束。

下面文字框中的例子，源自奇普的好友在大二時做的數字示範。在他大二時，美國國家藝術基金會因為支持一位被多數群眾認為偏激、反宗教的藝術家而飽受抨擊。奇普的好友是工程師並與政治科學毫無關係，但比起多數的政界權威人士，他的示範展現出對國家預算和開銷更深入的見解。

在 2016 年，撥給美國國家藝術基金會（National Endowment for the Arts，NEA）的 1.48 億美元預算，在聯邦政府的總預算開銷（3.9 兆美元）中佔了 0.004%。

我向某個抱怨政府浪費稅金支持令人反感的藝術的人說：「年收入有 6 萬美元（約 160 萬新台幣）的人，一年需要繳約 6,300 美元的稅金。放在你手中的 25 美分，代表了你一整年間對 NEA 做出的貢獻。我不想再聽你抱怨了，因此親自退還這筆錢。」

收到 25 美分硬幣的人，不曉得自己已經被動地參與了這場數字示範。此人可能真心認為 NEA 預算過高，但卻很難對 25 美分這種在餐廳付小費都還嫌少的金額抱持相同看法。下次他在打賞街頭藝人 1 美元時，或許就會改變看法，認為就算將 NEA 的預算增高四倍也無妨了。

帶來參與感

行為學教導我們，當某件事與自身相關並具體時，就會對投注更多注意力。在看到統計數據形容某一族群時，並不會認為數據有多真實或與本身有多少關聯。但任何發生在我們、或是身旁的人的事，都再真實不過了。因此，與其僅是背誦結業率，法律教授會說：「你們其中一個人畢不了業。」若希望受眾關注你的議題，可以使用代入感和角色扮演讓人更能設身處地思考。

紐澤西高中老師尼古拉斯・費羅尼（Nicholas Ferroni），便為男同學上了一堂國會性別不平等將造成哪些後果的課。

美國國會有 73% 的議員是男性；他們也經常通過對女性造成重大影響的法律。	若眼前有一大群人，請在其中選出三位女人和一位男人，並讓他們表決僅會對男性造成影響的議題。

只要把情勢顛倒過來就可能讓男性感到不安——並讓他們了解到現狀和女人的現實處境。

以下例子與上述議題全然相反、能讓人體驗到手握實權的感受：

在 2020 年，亞馬遜的創辦人貝佐斯的財富增加了 750 億美元。	請想想 25,000 美元（約 70 萬元新台幣）有多少：你需要工作幾週才能賺到這個數目？若有人直接給你 25,000 美元，你的人生會發生多戲劇化的改變？你能解決所有的債務嗎？若你贈與他人 25,000 美元以負擔食物、房租或是醫療費用，將能改變多少人的命運？ 在花費 11 秒閱讀上述文字時，貝佐斯就已經賺進了這個數目。

你可能需要花點時間消化上述的數字示範，一旦了解其中含義，那真是一記重拳——在想像自己擁有能改變人們命運的金額時，一位億萬富翁已經賺入那麼多錢。你花越多時間想像，他就已經賺進更多。

上述體驗一定會讓許多人對於一個人能擁有如此龐大財富感到不滿，而其他人或許會認為貝佐斯值得享受他創造出的成果。但無論感受為何，上述範例都讓我們學會：不該用日常對「有錢人」的既有印象來衡量世界上最有錢的富豪

們；他們的財富與我們的認知處於完全不同層次。

若無法用文字解釋，就直接示範吧

有時候，能用示範來代替用多少張 PowerPoint 簡報都無法完整涵蓋的複雜數字。強‧史達格納（Jon Stegner）對於公司的採購系統在多數產品上花了過多成本的巧妙呈現，是我們最喜歡的示範之一。

「我們在效率低的採購系統上浪費了數百萬、甚至數千萬美元。以下是總結的 9 頁簡報。」	「一起來欣賞我收集的 424 種不同的手套，這些都是我們公司現正訂購的項目。這僅代表了我們採購的次要商品的一小部份而已……」

首先，他派暑期實習生研究公司採購的各式商品類別中的一種產品。上述的手套是在生產線的特定作業中，為保護勞工避免被尖銳和高溫物品所傷。公司的全數工廠加起來竟然購買了 424 種不同類型的手套，並為相似手套付出大幅差價給不同的供應商。將所有的相關數據都放進同一份 Excel 表單非常累人，而相對的，用文字或是言談來呈現這些數據幾乎不可能。

但史達格納找出了一個能同時呈現複雜數據和想表達的

簡易理論。他讓實習生找出每一種手套，將其標價、並在會議室桌上將成堆的手套傾倒而下。他邀請主管一一來見識這座手套小山。任何人都能在一瞥之間、或在沉思後，得到「手套的採購系統急需被改造」這個結論。在桌上並排著看似一模一樣的黑色手套，但其中一雙僅標價 3.22 美元，而另一雙卻要價 10.55 美元時，任何人都能輕易得到上述結論。因為手套山代表了實際上正發生的事，這類示範的意義也更加無法否認。

在所有人看到手套山時，腦海中浮現的第一個問題，也就是史達格納希望提出的問題：「假如浪費了這麼多錢買手套，還有哪些地方也在浪費錢？」

此次示範帶動了全公司——從高階經理辦公室到車間——的變革。史達格納不費任何唇舌就說服了所有的決策者，讓他們了解公司需要改變現有的採購程序。畢竟沒有人能與手套山這般的事實雄辯。

這就是示範數字的意義。枯燥的統計數字無法協助人們換位思考（「你是說，我們真的買了這麼多不同樣式的手套？！」），也無法引起關注（「還花了哪些不必要的開銷？」）。

在呈現出數字、親眼看見並觸摸到數字的具體呈現時，更深入理解這些數字——984 英呎有多長、面對 75mph 的高速球有多讓人緊張、購買 424 種不同種類的手套多麼不必要、或是 1969 年距離現在，就如同上個世紀一般久遠（若

對該年代還印象深刻，很抱歉提醒你關於年紀的話題）。若
希望藉由數字打動人們，就該將數字帶向群眾並提供更貼近
的體驗。

第 14 課
用步驟敘述數字，層次鋪陳

在 1999 年至 2001 年間，在矽谷的創業投資家募到了 2,004 億美元的資金。這數字比他們前期持有的多了超過 4 倍之多。是否能持續業界平均每年 18% 的投資報酬率，並在 2012 年時將投資標的化為 1.3 兆美元呢？這是龐大的數字，但這些創投家的確曾成功協助例如英特爾（Intel）、蘋果（Apple）、思科系統（Cisco）和網景通訊（Netscape）這些大企業誕生，這些預估數字並非能成真。

接著，一位《財星》專欄作家使用了執行程序來敘述上述問題：

> 在投資資金如此龐大的眼前，創投標的過往報酬率還可能持續嗎？若要維持，2,004 億美元的投資金額需要在 2012 年達到 1.3 兆美元獲利。

> 「換個方式思考，eBay 是在網路年代中少見的成功案例之一。在 eBay 巔峰期曾達到市值 160 億美元，而其金融資助者

> 基標資金公司（Benchmark Capital），賺到超過 40 億美元。因此，在 10 年內需要多少家 eBay 上市才能讓創投家們達到 18% 投資報酬率呢？超過 325 家。換而言之，從現在至 2012 年之間，大約每 10 天就要有一家 eBay 上市。」

　　以現在的角度來看，便是在連續 8 年之間，每個月都上市三家臉書（Facebook）等級的公司。這兩者的結論是相同的：絕不可能發生。這種數字詮釋方式會將答案延伸成數份易於理解的段落，每一段都同樣讓讀者訝異。

　　在數字越來越大時，數字的增加也讓人越來越無感，這現象也就是所謂的「情緒麻木」（psychological numbing）。心理學家保羅・斯洛維克（Paul Slovic）曾研究過，人們對被害者的同情心，會隨著被害者的人數增加而減少，而部份原因是因為，人們會較為無法對龐大的數字產生同樣的感受。賺入人生第一桶金會讓你感到成功的喜悅，但當你賺入第六桶時，你可能已經不足為奇。可能不會慶祝自己的第五十四桶金。當你需要讓人們感受到極大數字的重要性，或許你可以用層層鋪陳來敘述這個數字。這能讓每一桶金都感覺像人生的第一桶金一樣重要。

再次討論槍械，學習如何鋪陳

在美國有超過 4 億支槍械。換句話說，若是分給男女老少每一個人一支槍，還會多出大約 7 千萬支槍械。	在美國有超過 4 億支槍械。換句話說，若是分給男女老少每一個人一支槍，你還有足夠的槍械分給往後 20 年內在美國境內出生的所有嬰兒。

　　我們已學會如何詮釋上述統計數字的前段——將槍械平均分給每一位男女老幼——這代表了大約 3.3 億支槍。但將剩餘的 7 千萬支槍轉換成執行程序，能讓人們真實感受到此數字有多大。

用日常行動所累積的結果來敘述數字

　　例行活動、習慣和日常工作是再熟悉也不過了；這讓這些日常瑣事能協助想像未曾體驗過的新事物。

　　這是古代人歷久不衰的巧思：在找尋不同文化用於形容距離的詞語時，人類學家們發現多數文化都曾用各式各樣的過程來形容距離。舉例而言，住在印度洋群島的尼科巴人會使用「喝一顆椰子所需要的時間」做為距離的形容詞，而東南亞的克倫族則是使用「嚼一顆檳榔所需要的時間」來測量距離。住在芬蘭拉普蘭區的薩米人是一群習慣優雅丈量工具的北歐族群：他們稱數天之內就能完成的旅程為「人類天

數」、需要更長的時間才能抵達的距離則稱作「麋鹿天數」（麋鹿能在一天內行進的距離）或是「狼的天數」（這是最大的距離單位）。但薩米人最常用的丈量工具——同時也是英語區最該發明的單位——則是他們用來丈量半天內就能完成的旅程：薩米人會使用需要中途喝咖啡休息幾次來形容這般距離。

使用日常行為來估計旅途有多遙遠是非常有用的方法，因為每個人都想像得出過程，也無需任何計算或轉換丈量單位就能了解距離有多遠。

在複雜現代社會中，仍然可以使用相同的巧思——用簡單的行動過程來表達數字，而這般常見的瑣事能產生直覺式想像而產生共鳴。

作家查爾斯・費希曼（Charles Fishman）曾寫道：比起直接打開水龍頭注滿水壺，買一瓶 Evian 礦泉水要貴上 3,970 倍。

「在舊金山，主要的民生用水源自於優勝美地國家公園（Yosemite National Park）。此水是如此純淨，連美國環保局都不會要求舊金山加裝濾水器。若是你購買並喝掉一瓶 Evian 礦泉水，你就能持續在 10 年 5 個月又 21 天內連續每天用舊金山的自來水灌滿一次該寶特瓶，而這全部的自來水加起來也不到 1.35 美元。」

上述的簡易換算，將原先大到我們無從思考的倍率轉換成讓人過目不忘的程序。

六標準差（Six Sigma）代表每一百萬個產品的不良品率少於 3.4 個。	身為一名廚師，要達到六標準差即代表：若每晚都能烤兩打巧克力碎片餅乾，你就需要能在連續 37 年內都持續烘烤完美無瑕、沒有燒焦、過生或是巧克力碎片過多或過少的餅乾。

很難直覺理解一百萬個產品有多少，但任何人都能從上述烤餅乾的例子理解到六標準差有多嚴謹。在面對不同觀眾時，也能輕易地轉換上述範例中的程序和倍數加速理解。面對大聯盟投手時，達到六標準差就代表在連續 98 年間沒有投出任一出界的球（以及每次都能打擊出去並在一季內轟出 20 支全壘打……等）。

將不同步驟拼成有意義的結果

想像你正在將 100 顆蘋果裝入一個大桶子。每一顆蘋果都非常的輕——最多 1/3 磅，比健身房最輕的啞鈴還輕。但把整個桶子舉起時，是如此沉重。

接著，將更多的桶子抬上木棧板。你再也舉不起來，需要靠機器作業了。400 磅就好比 4,000 磅一樣沉重，因為不

論是哪個都並非你能徒手拿起的重量。

當我們希望受眾能感受到統計數字的意義時，我們需要盡可能留在桶子的範圍——沉重，但卻非人們負荷不了的重量。

在美國，每 30 分鐘便會發生一起謀殺案件。	每天都有 50 個人被謀殺。

「每 30 秒，就會發生某某壞事。」——大約每 30 秒鐘就在社群網路看到諸如此類的悲傷數據。雖然這的確使用在第 3 課教過的「專注於一」守則，但臉孔模糊的單一死亡數字並不能引發太多感受，尤其是人們已經看過太多類似的老掉牙貼文。

但每一天被殺害的總人數卻能讓再度引發人們對這般事件的注意力。每一天 50 人是一個很值得關注的數字；它大到無法忽略，卻沒有大到需要拿出計算機才能理解。

事實上，的確可以同時向受眾展現個體事件和綜合成果。在新冠肺炎（COVID-19）的死亡人數達到 10 萬人時，《紐約時報》便使用這種方式寫了篇極動人的報導來緬懷此事件。《紐約時報》將頭版放了 1,000 位因為新冠肺炎而喪命及簡短生平；下列片段佔滿了報紙首頁：

在美國，每 1 分鐘就有 1 個人因為新冠肺炎而死去。

羅伯特 · 賈爾夫（Robert Garff），77 歲，猶他州人，前任猶他州眾議院發言人、汽車業高階經理和慈善家。飛利浦 · 湯瑪斯（Philip Thomas），48 歲，芝加哥人，對待沃爾瑪超市的同事如同自己的家人。艾倫 · 梅里爾（Alan Merrill），69 歲，紐約市民，《我愛搖滾樂》（I Love Rock 'n' Roll）的作曲家。彼得 · 薩卡斯（Peter Sakas），67 歲，伊利諾州諾斯布魯克村民與動物醫院經營者。喬瑟夫 · 亞基（Joseph Yaggi），65 歲，印第安納州人，大家的摯友和導師。瑪麗 · 洛曼（Mary Roman），84 歲，康乃狄克州諾沃克市民，鉛球冠軍和當地政要。羅琳娜 · 波爾伽斯（Lorena Borjas），59 歲，紐約市民，移民跨性別社運人士。詹姆斯 · T · 古德里奇（James T. Goodrich），73 歲，紐約市民，進行過多次連體嬰分離手術的醫師。珍妮斯 · 普利修爾（Janice Preschel），60 歲，紐澤西提內克鎮民，創立了一間公益食品發放站。尚克勞 · 亨利昂（Jean-Claude Henrion），72 歲，佛州亞特蘭蒂斯市民，總是騎著哈雷機車。

與其讓讀者想像每一秒鐘會有一名新的臉孔模糊的死者，《紐約時報》用具體而動人的筆觸讓每位罹難者都感覺如此真實而特別，如同明燈般的存在——你可能會邊讀邊希望能和這樣的人在酒吧喝一杯，然後才想起，啊，他們已經不在了。

為了達到最佳效果，讀者需要實際拿起報紙：一行行的閱讀這些人的故事時，也一邊看到滿滿一整頁的人名和生平。不管左看右看，都是罹難者的資訊。而《紐約時報》也強調，在 10 萬名死者中，僅僅列出 1,000 位的資訊就花了 3 整頁的報紙篇幅。

　　這份報導中的每個人的介紹都有其重量。而我們也感受到了。並不是世界上的所有問題都和新冠肺炎一般嚴重，而《紐約時報》也沒有憑空生出這份重量感。相反的，它找出了能讓所有讀者都感受到這份重量的方法。當握有重要統計資訊時，也應該將目標放在如何包裝並傳遞出資訊以達到最佳效果。

第 15 課
帶來最精彩的安可曲吧！

去過令人讚歎的搖滾演唱會呢？台上的樂團彈奏了所有音樂類別的組曲──包含幾首最經典的舊歌和幾首新歌、主打歌和那些較少人知道卻同樣動聽的好歌──而觀眾全都一臉滿足，覺得這場演唱會值回票價。

然後，台上響起安可曲。可能是翻唱，也可能是另一首經典老歌，但無論哪首，觀眾都同樣跳起來陷入瘋狂。最後，觀眾心滿意足地回家。這是因為在滿足觀眾所有期盼之後，樂團在最後又給了一些東西。

當極度渴望讓人對數字感到印象深刻時，也可以這麼做。雖然激起的情緒不一定是興奮或開心，而手法也不可能像演唱會那樣精彩，但這種方法卻仍然可行。若是一次被告知所有資訊，人們會迅速對大量資訊感到麻痺。若能在傳達部份資訊時便讓對方產生強烈印象，便能將剩餘的資訊當成安可曲，這兩樣都能被對方記住。

若是世界上的所有人都和美國人一樣愛吃肉，世界上用於畜牧的土地，等於地球上能住人的土地的138%。	若是世界上的所有人都和美國人一樣愛吃肉，則地球上所有能住人的土地都需要被用於畜牧——甚至還不夠，缺少的部份就等於非洲和澳洲加起來的土地面積。

　　在被告知 138% 這樣的數字時，腦袋很可能會短路。但假如想像地球上所有能住人的土地都被用於畜牧——每個平原、森林或是社區，都被改建成農場——不用思考就知道這樣的環境絕不可能永續經營。當我們得知這農場還需要額外增加非洲和澳洲的土地總和時，就能深入體會到這統計數字的含義。

　　還是多吃點豆類吧。

　　安可曲方法同樣能用於幫助消化那種大到下意識忽略的龐大數字。「這就像中樂透頭獎一樣」在這時代已經成了機率非常小的代名詞，而大眾也安於這個說法，所以不會真的思考機率到底多小。以下方式能重新認識該機率：

中美國威力球樂透（Powerball）的機率：	想像一下，從西元元年至 2667 年 9 月 18 日之間，假如能成功猜中某人從這期間隨機挑中的任何一天，就能贏得樂透頭獎。 但正當贏了，對方要給你支票時，你仍需跨

| 292,201,338 分之 1 | 越最後一個難題：牆壁上掛有 300 個一模一樣的信封，只有一個信封放了獎金支票，選錯的話就啥都得不到。 |

　　的確能把第一項任務難度調高，但要在上述場景猜中正確日期就已經頗為艱難了。在成功挑戰了看似不可能的任務之後，當發現自己再次成功的機率微乎其微的情況下，往往會加倍沮喪，這就是我們想要的安可曲效應。

　　安可曲方法也能與數字示範和「專注於一」這些數字詮釋方法並用。當你想表達的內容已足夠具體又讓人吃驚，安可曲更能發揮效果。

　　就如同所有的數字詮釋效果一般，安可曲能被用在嚴肅的統計數據、也同樣能被用於表達趣聞。以下範例就是樂於想像的內容：

| 青蛙的跳躍高度能達到他們自身尺寸的數倍。 | 假如你的跳躍力如青蛙一般卓越，你就能從三分球線灌籃！這裡指的是，對手那端的三分球線。 |

　　在 NBA 史上，就連最有名的飛人喬登、詹皇、或是電影《神犬也瘋狂》（Air Bud）中的神射手巴弟，都未曾從三

分球線灌籃。就連相較起來近得多的罰球線灌籃的記錄都少之又少。

因此，青蛙若是能在三分球線灌籃就已經幾乎聞所未聞——接著發現青蛙能從**球場另一端**、離攝影機非常遙遠的三分球線灌籃時，我們幾乎都想起立致敬了。

第 16 課
先創造，再破壞

　　當人生走向不如預測時，便會經歷地球上最震撼也最引人注意的情緒：驚訝。提供令人驚訝的數字能大幅加深印象。然而就像之前所討論過的，受眾很可能來自多元背景也各懷期待。在像空手道大師擊碎磚塊般俐落地打破任何模式之前，首先需要**創造出該模式**。

　　我們將這個方式稱作「先創造再破壞」——在打破某人期待並使其訝異前，需要先在對方腦中埋入特定想法。在英雄打敗壞人前，總是會先看到壞人擊敗幾位其他角色。在看到三隻小豬的前兩棟房子被大野狼吹垮之前，也不會對第三隻小豬的磚瓦屋感到敬佩。

　　史蒂夫·賈伯斯（Steve Jobs）便在科技產業將這類技巧發揮至淋漓盡致。在介紹 MacBook Air 筆電時，他先是花時間讚歎市場競爭者推出的 Sony TZ 系列筆電。「那是一款很棒的筆電，又很薄，」他說。

　　他告訴觀眾，蘋果曾觀察過市面上所有最薄的筆電，並向他們展現出蘋果的結論。雖然那些薄型筆電的確很輕，才

約 3 磅重，但螢幕和鍵盤都偏小、處理器又慢。這些都是蘋果想在自家新款筆電解決的問題。

接著他展示出資料，包含一張展示出 Sony TZ 側面的圖片。蘋果在 TZ 最寬的部份標注「1.2 英吋」，而此數字在筆電的最前端緩緩降至 0.8 英吋。

1.20"   0.80"

在賈伯斯成功在觀眾腦內創造出關於競爭對手和市面上既有的「輕薄筆電」的概念後，他立刻藉由 MacBook Air 的尺寸打破了此概念。「這就是 MacBook Air」，他一邊說，一邊展示出下圖。

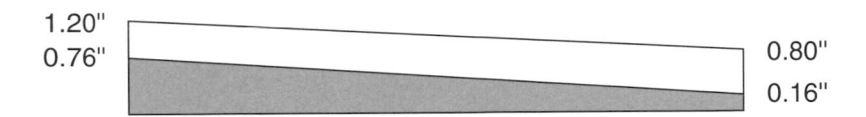
1.20"   0.80"
0.76"   0.16"

MacBook Air 的側面讓 TZ 系列看似如此笨重。

在觀眾們此起彼落地讚歎、開始拍手時，賈伯斯唸出該筆電的尺寸：「後端的 0.76 吋，未曾在市面上出現過的前端 0.16 吋…」

接著，他放出埋藏許久的梗：「而且我想要強調的是，

MacBook Air 最寬的部份，仍然比 TZ 最薄的部份更薄。」

　　請在此注意到他完美使用了前一章節所提到的安可曲技巧。(而身為一位眾所皆知的完美主義者，賈伯斯一定為了要再砍掉筆電高度的 0.04 吋來鋪陳這個「我們最厚的部份比他們最薄的部份還薄！」的梗，而累垮了三位機械工程師與兩位設計師。)

　　上述新品發表會的梗之所以有效，是因為賈伯斯先讚揚了對手的產品。一旦有了比較基準——業界目前最輕薄的筆電尺寸——就能深刻理解到 MacBook Air 的表現是如何打破既有標準。在「創造出」並隨即「打破」觀眾的印象之前，沒有人會真的在乎 0.80 吋跟 0.76 吋之間的差距。

「TZ 筆電的尺寸從最寬 1.2 英吋至最薄 0.8 英吋；我們比它更薄了 0.5 吋。」	「MacBook Air 最寬的部份，仍然比 TZ 最薄的部份更薄。」

　　安可曲方法的難能可貴之處，便在於無論是面對知識水平很高的受眾、還是毫無概念的受眾都同樣有效。賈伯斯的受眾便包含了一開始欣賞筆電厚度差異的科技人，以及較無專業科技知識的普羅大眾。

　　若你已有關於科技業的業界知識，或許會希望看到一份關於蘋果競爭者的完整問卷，就算已經包含已知的內容。這

會讓觀眾更快進入狀況，並回答思考過的問題：「Sony 筆電的尺寸是？那 Lenovo（聯想）呢？ Dell（戴爾）呢？」但就算未曾思考過此類問題，也能藉由參與這次的發表會得到答案。使用適當的「創造概念」能凝聚多元受眾——包含欣賞科技精確度的科技人，以及樂於增廣見聞的民眾。

以下是一則關於歌手羅密歐·山托士（Romeo Santos）的新聞。雖然大多數美國人可能對他感到陌生，但山托士是一位在西班牙語地區的超級巨星，甚至曾在能容納 5 萬人的洋基體育場舉辦過連續兩場售罄的演唱會。無論是否了解音樂產業，以下由萊瑞·羅奇（Larry Rohter）撰寫的開場白都能讓你理解 2×50,000 的含義：

> 平克·佛洛伊德（Pink Floyd）的《迷牆》專輯巡迴演唱會沒達到、Jay Z（傑斯）需要拉賈斯汀（Justin Timberlake）和阿姆（Eminem）一起、而金屬樂隊（Metallica）甚至連試都沒有去試。在能容納 50,000 人的洋基體育場連續舉辦兩場售罄的售票演唱會，對於保羅·麥卡尼（Paul McCartney）以外的任一位流行樂歌手都幾乎是不可能的任務。但即將在週五和週六登台演出的羅密歐·山托士就快達成這個壯舉了。

任何一位偶爾聽音樂的人都會認出上述歌手，並認出他們都是巨星。一位很懂音樂界的人就會理解在洋基體育場舉

辦連續兩場售罄演唱是多艱難的任務。這兩種人都會對大多數《紐約時報》讀者都未曾聽過的歌手竟然能達成此壯舉感到驚訝。他們會修正對西語歌手的看法——並加以關注。

羅奇的開場白如此成功的原因之二便是他充份了解人們有何種期待和看法，並在創造出模式時，採用了能觸及嬰兒潮出生的人們、X 世代和千禧年代讀者都能理解的不同歌手當做參考。

我們會因為既有的社會和文化期待而自動聯想到許多事物。當想到「野餐」時，自動聯想到一張紅白格子的野餐墊、野餐籃、三明治和水果，例如西瓜。在提及「衝浪手」時，受眾有可能會想像一位有著金色長髮、很愛說「嗨老兄」而且對歷史不太了解的年輕白人男性。當啟發觀眾基於文化期待的既有印象，他們在你打破期待和印象時會更加驚訝——例如給觀眾看一位來自非洲的 83 歲老奶奶，宛如海中蛟龍一般的衝浪。

然而，就如同法里德・扎卡利亞（Fareed Zakaria）在下面所示範的，傑出的模式創造者在觀眾沒有任何既有期待時，仍然能創造出相關模式。

有 59% 的美國人表示，國與國	在引述皮尤研究中心（Pew Research Center）一份研究時，扎卡利亞表示：「世界各地的絕大多數民眾——中國有 91%、德

之間的貿易關係逐漸增加是「還不錯」或是「非常好」的現象。

國有 85%、保加利亞有 88%、南非有 87% 以及肯亞有 93% 的民眾——表示國與國之間的貿易關係逐漸增加是〈還不錯〉或是〈非常好〉的現象。在接受調查的 47 個國家中，最後一名是美國的 59%。在距離美國 10 個百分點以內的只有埃及這一個國家。」

在傳統觀念中，美國通常被視為支持貿易的國家，因此看到了 80 幾至 90 幾百分點的模式後，或許會認為美國的百分比也落在這個範圍甚至更高。就算我們認為他會話峰一轉、已做好作者會揭露出美國的百分比可能略低的準備，心中很可能想的是 70 幾個百分點。接著，作者提到「最後一名」、「59%」以及「在距離美國 10 個百分點以內的只有一個國家」。很顯然的，這些數據一定遠不及我們心中逐漸形成的期待。

假如一開頭便揭露 59%，觀眾就不會感到驚訝。少了比較基準，此數字會看似多數民眾都支持貿易。但這種呈現方式能令人感到意外、並聚焦於值得探討的驚人議題。

其他能自然觸動期望之議題，也能藉由重組和換種方式呈現來增加意外效果。

哪些才是所有財星 500 大公司的 CEO 當中，最常見的名字？是約翰。接著是詹姆斯，接著是……最後才是所有女

性的名字。

　　若是尚未提及兩性不平等，這或許能讓大家開啟新的討論方向。觀眾或許會隨意思考不同的名字，有些人甚至會開始尋找 CEO 的名單。最常見的會是比爾嗎？是大衛嗎？麥克？史蒂夫？當你揭露關於「女性名字」的梗時，這會點醒在職場被忽略的女性族群，並指向不平等的事實。

　　以下是我們很欣賞的範例，我們對於人體的認知竟少得可憐：

神經衝動（nerve impulses）從我們的全身上下以每小時 270 英哩的速度行向腦部。我們通常對人體的神經系統之速度感到非常自豪。	「若是一個與地球一般大，頭位於美國馬里蘭州巴爾的摩市，而腳趾位於南美洲海岸的巨人，在星期一時被鯊魚咬到腿部，一直到星期三他才會感到痛覺，並且到星期五才會對其產生反應。」——大衛‧J‧林登（David J. Linden），約翰霍普金斯大學教授。

　　我們往往認為神經反應發生於瞬間，但實際上，它們的速度比飛機還慢。若是在開普敦海岸看到鯊魚咬那位巨人，在巨人感覺到被咬的痛楚之前，還有足夠時間換下泳衣、招一輛計程車、直接飛往巴爾的摩國際機場、在市區享用當地美食蟹肉棒和啤酒，並慢條斯理地通知巨人這項壞消息。

若你和我們有相同對於神經反應的期待，上述示範應該粉碎了你的期待並加深對人體的認知。同時，它也應該讓你對電影中的怪物們改觀。過去那些笨重而緩慢的哥吉拉和金剛，比時下敏捷的版本真實得多。

　　無論在試圖引發人們注意的數字有多大——從筆電規格到神經速度——越能與受眾的既有印象產生對比，便越能產生效果。如果可能，最好在破梗前一刻加深人們的既有期待。受眾認為了解多少？他們認為花了多少稅金來支持藝術？他們認為最大的娛樂事業有哪些？一旦他們認為自己懂很多，你便有機會打破期待並讓他們感到驚訝。

　　而驚訝是一種很強烈的情緒。若曾抱怨究竟「該如何讓人們注意」——無論對象是教室中的孩童、在大選年的選民、或是在工廠的第一線員工，驚訝都是個很好用的道具。它能瞬間讓所有人聚焦於情緒。我們會睜大眼睛、暫停行動；你也會看到人們張大嘴巴、瞠目結舌。驚訝是種很強烈的情緒。若它能被做為折磨道具，甚至會被日內瓦公約下禁止令。因為它是能深度影響人們、迫使將焦點放在有利於你的地方之強力道具。

第 4 部分

建立比例尺

第 17 課
提供資訊地標，描繪腦內地圖

　　在拜訪陌生城市如倫敦、里斯本、或是華盛頓特區時，通常都會用到某種類似地鐵路線圖的工具。此類型的地圖很簡潔、有數種顏色，卻不會精確標出地理位置。你或許能看懂路線圖並學會搭地鐵，在那同時，很可能對於該城市的空間分布毫無概念。但這是件好事——該地圖只提供需要的資訊：如何從 A 點到達 B 點，而不會要求先學會城市地理資訊。假以時日，或許能成為在地人，也能向昏頭轉向的觀光客指路。但以目前來說，有了這樣的地圖至少能確保不會在前往飯店時迷路。

　　當我們嘗試向人們指引陌生統計數據時，也可以使用同樣的技巧——提供足夠的重要資訊地標好讓對方理解背景和事件起因，卻無須要求對方有深入的見解。

　　關於人體體溫，你了解多少？在安娜・伯根霍姆（Anna Bågenholm）由於滑雪而落入冰封河流並在凍結河水中受困 40 分鐘時，她僅能靠著河中的石頭縫隙呼吸並等待救援。接著，她失去意識、停止呼吸、血液循環也慢了下

來。在被救上岸以前，她在河中又待了 40 分鐘。

> 「正常體溫是 37℃。在體溫降到 35℃ 時，人體會
> 逐漸開始失溫。在安娜抵達醫院時，她的體溫僅
> 13.7℃。從未有過體溫如此低還能生還的人。」

　　幾個簡單的資訊地標便能清楚理解上述的救援及生還奇
蹟。我們學到正常和危險的體溫度數，也理解此情景是多偏
離常規。就連日常甚少使用攝氏溫度的美國讀者們，都能輕
易讀懂；比起單純告訴讀者們「在安娜抵達醫院時凍僵了，
體溫僅剩華氏 56.6 度」，上述說法能讓讀者們理解更多相關
資訊。（安娜存活下來了，並在救活她的醫院擔任了數年的
放射技師。她仍持續滑雪。）

　　下例同樣提供讀者所有資訊，但左側是由一般醫師所提
供，而右側則是由善於溝通的醫師。

「正常的血小板數量，大約是在每一微升（microliter）的血液中有 15 萬至 40 萬個血小板。近期血液報告顯示血小板數量是 4 萬個。這實在太低了。」	「血小板數量一般是以千為單位，正常時約為 150 至 450 個單位。在數量低至 50 時，建議先別旅行；而低至 10 時，則代表你有自發性出血的風險。目前的數量是 40。」

右側有兩個成功因素：首先，講者縮小了比例尺，好讓聽者更容易理解。病人並不需要知道 1 毫升到底有多少血小板，他們想了解的是目前血小板數量所代表的健康狀況。

其二，講者在數據的兩端都提供了有意義的資訊地標。與其單純被告知自己的血小板數量「太低」，病人能了解自己的血小板數量低到不應該旅行，也知道此數字有可能再度下降至產生額外風險的幅度。在整合上述資訊以後，病人能了解到自己的狀況雖然嚴重，但卻尚有治療的可能——而這都是左側的敘述無法傳遞的見解。

盡可能啟用現有的腦內地圖

上述的兩個情景都僅需少少的幾個數字便了解方向。受眾或許能牢記幾個重要數字，但卻無法記憶一整張地圖。

然而，假設想了解範圍較大的事物——例如，地球上的人類活動史，在宇宙歷史中扮演了哪一種角色——又該怎麼做呢？

實際上，腦中已經存有能協助理解時間的方式——只需要將自然歷史放進這個既有的比例尺，便能理解許多看似深奧的事情。

現代人類約於 20 萬年前出現——對宇宙而言，人類是非常新加入的物種。宇宙大爆炸（Big Bang）發生在約 138 億年前。

假如宇宙的演化史全都發生在一天 24 小時之內：大爆炸發生
在午夜 12 點整；接著，在很長一段時間都沒有任何事發生。
陸續經過了 12 小時、也過了 16 小時。在大約下午 4：10 時，
太陽被一團雲所簇擁著誕生了，而星球也陸續圍繞著太陽出
現。5 分鐘後，地球出現並逐漸開始降溫。

在下午 5：30 時，陸續出現了一些單細胞生物。而脊椎生物
要一直到晚間 11：09 才會出現。在大約晚間 11：37 時，出
現了恐龍和最原始的哺乳類動物。在這一天只剩下 8 分鐘時，
暴龍出現在晚上 11：52，但再過 1 分鐘就隨著隕石撞擊地球
而消失。

在這一整個過程中，人類的完整歷史甚至佔不到最後 1 秒鐘
的時間便能說完。

　　只要比例得當，人類都能直覺式的理解時間的運作[14]。
無論將多少個顯眼的資訊地標放在地質時間表上，它都不會
有一天中的小時、分鐘、及秒鐘來的好懂。這是因為我們每
天都會經歷這樣的時間流程。

　　上述腦內地圖不僅能聚焦於自身的存在有多微小而寶
貴，也提供在宇宙發展史中的各種資訊。也同時加深了對於

14　人們通常都能直覺式的理解 1 天至 1 年以內的時間──我們不斷經
　　歷這樣的時間測量尺度，並學會運作模式。在此範例中使用了「1
　　天」為單位。另一方面，天文學家卡爾‧薩根（Carl Sagan）曾將宇
　　宙歷史縮至 1 年時間，也就是他著名的宇宙曆。

恐龍、生物、星球和太陽系的認知。

　　我們也能依據自身有興趣的題材，在上述比例尺中加入新的知識。月球的形成時間？在下午 4：24，大約是地球出現的 9 分鐘後。鱟的出現時間？在晚間 11：24，比暴龍還早了許多。阿帕拉契山脈有多古老？它們大約出現 50 分鐘了，甚至比鱟還老。在此時，喜馬拉雅山才剛形成 5 分鐘，這也是喜馬拉雅山更高、更陡峭的原因。在描繪出一幅基本地圖——或是描繪出一幅基本時間軸——就能隨意添加更多數字。

第 18 課
把數字放入等比模型

　　火車模型、娃娃屋、樂高積木、這些都是最不讓人昏頭、最沒威脅性的代表。火車時刻表、家事和甘特圖可能是難懂的工作，但把尺寸變小並丟在地上，等著看爸媽是否會踩到一邊發出好笑或生氣的聲音，就會認為是有趣的玩具。

　　但它們不僅有趣——一個優秀的比例模型也能教會我們許多事情。一架飛機的設計如此複雜，設計師不能光靠物理學來設計其功能。相對的，設計師需要藉由在風洞中測試飛機模型來觀察機翼造型和位置與機身之間的細膩互動。

　　本課將探討該如何創造出有一定複雜度、能啟發受眾並鼓勵他們做出複雜選擇的模型。

　　以下是一個關於爭議性議題的互動式模型。此模型使用了在前面課程討論過的技巧——使用受眾既有的時間地圖（在前一課使用了一天 24 小時的時間軸，在下即將使用的時間單位是 1 年）嘗試了解單位非常龐大的事物。以下將假設一週有 5 個工作天、一共工作 40 小時。

在 2018 年，美國政府在食品及營養補助方面共花費了 680 億美元，而在高等教育的花費則為 1,490 億美元。在食物券計畫和高等教育方面，聯邦政府所費不貲。

與其在一年之間從每月薪水中扣除一小部分做為稅金付給政府，假設你需要在一開始便付清一整年的稅金。當你在 1 月 1 日開始上班時，你賺的每一分錢都需要付給政府；在付清所有稅金時，就能保留 100% 的收入。

在 1 月的前兩週內賺的錢都需要做為社會福利（Social Security）費用；接著，繳聯邦醫療保險（Medicare）和聯邦醫療補助（Medicaid）會需要花去另外 2 週的薪水。從 2 月 1 日開始，你會花 5 天來繳國債的利息。為了付出國防基金的相關費用，你又需要再工作 1.5 週。接下來，在你心目中與政府相關的一切費用——肉品的食安檢查、飛行控制、疾病防疫中心的各生物學家、各位聯邦法官、FBI 探員和外交官們等等——都會在最後的 1.5 週內繳清。在一整年間，大約有 6 小時的時薪會被上繳給 SNAP（食物券計畫）、12 分鐘給各國家公園，也有大約 2 小時的時薪用於 NASA。

　　將政府預算放入日曆這般的比例尺，不僅能比較衡量各項預算，也能對預算產生更多想法。我們對 1,170 億美元或是 1.2 兆美元預算這般的數字可能沒有太多感受，但確實能感受到工作 8 天和工作 2 週之間的差異。

　　這樣的呈現方法同時也讓資訊感覺更加貼切。一筆

1,490 億美元的教育預算或許乍聽之下很高，但假如願意在一年中花費幾個小時當他人家教，或許也不介意花個幾天的薪水來讓專家教導其他國民。若願意在慈善廚房（soup kitchen）當數小時的志工，也可以等比例的花上一天薪水好讓他人飽餐一頓——尤其是當我們得知絕大多數的經費會被用於餵飽兒童。多數美國人都很喜歡社會福利金，但當得知社福金需要花到 2 週的薪水，或許會想探討該如何精簡這筆經費了。

根據知識程度和想法的不同，你可能已經想到更多能用比例模型呈現的論點了。或許對於該如何在特定題材採取攻勢感到樂觀、也或許對該如何辯解在某些事情的立場感到畏懼。無論屬於哪種，這都是好事。這代表了你正確切且投入感情地面對這些龐大、看似無解的問題。

若別具巧思，甚至有可能會希望改變模型本身。假如有正職以外的收入呢？若能根據不同個體來調整模型——畢竟並非所有人都處於相同的稅收級距，而有些人甚至不是靠著工作來賺錢。

這能成為一個特色，而非模型問題。在遊戲開發中，這類調整被稱作「彈性」和「擴充性」。你最基本的模型，也就是最早期的情景，之所以如此簡易，是為了讓你能多探索不同的重要動因——此處指的是該如何選擇不同的預算組合。你能多方探討不同組合，但一旦理解概念，便能嘗試各種變化的可能性以探討其他相關因素。

獲獎的益智桌遊卡坦島（The Settlers of Catan）便包含這類模型元素。最原始的遊戲版本中，玩家會嘗試獲取不同的資源組合以壯大村莊並逐漸將其城市化經營。但老鳥玩家也能買數種不同的擴充包，讓遊戲增加額外動因。其中一種擴充能讓玩家航海與進行貿易；而另一種則是讓玩家抵擋野蠻人入侵他們的貿易線路。倘若在一開始能建造好妥當的比例模型，就可以不斷利用並添加元素至該模型。

提到添加元素，的確還有一個能為模型遊戲增加更多層次的元素。那就是生動的比喻。最早期的場景較為直接的等比縮小。

然而，你會如何詮釋下列對於職場生產力的研究呢？

下列範例源自史蒂芬・柯維（Stephen Covey）的《第 8 個習慣：從成功到卓越》（*The 8th Habit*）：在調查某個組織的員工時，「僅有 37% 的員工表示他們很明確理解組織想達到的目標及原因……在五位員工中只有一位對他們的團隊及組織目標懷有熱忱。在五位員工中只有一位表示他們很清楚了解他們的工作與團隊或組織目標之間的關聯性……只有 15% 的員工認為組織使他們能夠盡全力執行關鍵目標……只有 20% 的員工全然信任他們任職的組織。」

這些數據有點難懂，對嗎？我們對於該組織的工作性質毫無所知，而實際上，該組織也有可能多元經營，而這些不同事物也很難被放在一起等比縮小。但柯維使用優秀的比喻來創造出實用的模型。

「僅有 37% 的員工表示他們很明確理解組織想達到的目標及原因……在五位員工中只有一位對團隊及組織目標懷有熱忱。在五位員工中只有一位表示很清楚了解工作與團隊或組織目標之間的關聯性……只有 15% 的員工認為組織使他們能夠盡全力執行關鍵目標……只有 20% 的員工全然信任任職的組織。」

「想像你是一名 11 人足球隊的教練，而在隊伍中僅有 4 名球員知道他們該踢向哪個球門。只有 2 名隊員嘗試理解哪一個才是他們的球門，也只有 2 名球員了解他們自身被分配的位置，以及該位置與整個隊伍的關係。只有 2 名球員全心全意的相信教練和足球隊的老闆。只有 2 名球員認為自己拿到足夠後援，好讓他們能盡力擔任好自己的位置。隊上大多數的球員，則是漫無目的、隨性的滿場亂踢球。

該組織並沒有生產足球，但所有結果都能被應用在足球場上常見的團隊互動之上。在想像這個不和諧的隊伍時，無須是狂熱足球迷也能看出問題所在。隊員們朝向錯誤的方向狂奔、隨意亂踢、忽視教練並缺乏能擔任好他們個別位置的訓練和後援——這支隊伍簡直一塌糊塗。而我們也同樣可以期待該組織會因為運作模式而產生相應的損失。用足球比喻能讓問題瞬間白熱化，但一間功能失調的公司的種種問題，卻相對地更加模糊而隱密。

我們還希望將哪些系統縮小變成模型呢？可以將機票的

價格降為一張 10 美元，並檢視其中多少是員工薪資（包含機長、空服員、維修工程師、管理人員以及所有協助讓飛機順利起降的人們）、有多少是油錢、購買及維修飛機的費用，又有多少費用是用於購買有著完美身材、在比你的目的地更美好的地方度假的討厭廣告。若想探索不同年代，或許可以將模型設定為石器時代，比較獅子與人類的日常：一天中有多少時間是用於狩獵、睡眠、打架或是娛樂？最後，我們也可以將模型設立為地下樂團的收入，並探討巡迴演唱、代言、或是唱片銷量足不足以支持繼續唱下去。

　　無論是怎樣的系統，比例模型都能簡化複雜的諸多動因，也能讓我們將數字全部放入一個易懂的環境。在使用模型時，便能促使受眾關注及討論議題，也能更加容易地表達數字的重點。

結語
輕鬆了解數字的價值

　　本書是為了兩種人而寫：第一種是自認為自己無法理解數字、抗拒數字的人；而第二種則是那些喜歡親近並使用數字的人。至少在一開始，我們認為自己是後者。

　　但逐漸開始懷疑對自己下的定論是否有誤……。

　　或許在開始閱讀本書時，也曾認為自己是喜歡使用數字的人。但這界限是否逐漸開始模糊；舉例而言，在發現使用數字詮釋方式能讓他人多麼清楚理解觀念後，是否對過去的自己感到懷疑？是否也曾認為神經衝動很迅速、國家花了過多預算支持藝術、或是洛磯山脈高聳入雲（「狂暴之山」K2正在遠方嘲笑你呢）？

　　假如先前認為自己對數字毫無頭緒，或許在閱讀本書後，會發現到其實大家都一樣……你或許也對某些數字詮釋方法產生興趣。或許在轉述其中一個詮釋方式——例如蜂鳥或是拍手遊戲——給另一半或孩子聽時，你會發現他們並沒有像以往討論到任何數字時賞你一記白眼。

　　一旦學會、也能自在地運用各種方法來詮釋數字，你會

發現數字不僅是變得如此好懂，更是如此簡單。就連沒學過公制系統的人，都能輕易了解葡萄大小的腫瘤——以丈量數字來看，約 3 公分。不了解天文學單位的人，也能理解假如太陽系是一枚 25 美分硬幣（quarter）的大小，就需要穿越一整個足球場才能遇到下一個太陽系，也會是一枚 25 分硬幣大小。

曾親眼見過弄懂 100 萬秒和 10 億萬秒的差異後，感到興奮無比的六年級生（約 11 歲）。從現在開始數，在 12 天後——餐廳再度販售披薩的日子——時間便會經過 100 萬秒；而在看似遙遙無期的 32 年之後（那些 11 歲孩童們都已 43 歲了！），在他們讀完高中和大學、經歷過人生的第一份工作、過了人生中的黃金歲月並歷經載孩子上下課、也可能發生心臟病的無聊歲月時，10 億萬秒才會到來。

數字距離日常生活是那樣遙遠；正當我們認為已經弄懂了數字時，仍然會被數字耍弄。身在科技與金融的交匯口，那些專注於科技業的創投家們每天都需要面對數不清的數字——他們使用的數字是如此多且複雜，甚至發明了專屬該產業的詞彙。你應該認為他們都非常善於處理數字吧？

但在 2002 年時，創投家們一窩蜂地投資各式新創公司，並相信能在 10 年內創造出超越 1 兆美元的市值。這或許乍聽之下顯得合理——畢竟 10 年是一段很長的時間。但當一位《財星 500》的專欄作家指出這意味著「一直到 2010 年為止，每 10 天都需要上市一間 eBay 大小的公司」時，

這些創投家們愣住了。「**對耶，這怎麼可能發生嘛。**」

這些創業家並非資訊短缺、也並非不了解數學或是不在乎投資是否能賺錢。他們充其量也是凡人，而任何人都有可能對於未來充滿過多信心，並且被一片龐大且複雜的數字海所淹沒。要做出正確的數字詮釋，你不需要是天才或做出重大突破，只需要用對的方式探討對的議題。

我們了解如同複雜語言一般，複雜的數字也能曲解事實。這也由赫夫（Darrell Huff）在 1954 年出版的大作《別讓統計數字騙了你》（*How to Lie with Statistics*）所印證。然而，若人們只專注尋找數字中隱藏的謊言，很有可能過於疑神疑鬼。我們無法證明所有人都在說謊；就像我們無法證明所有人說的都是事實一般。

因此，引出事實真相的能力才顯得如此重要。這能力讓我們看穿謊言，也能依據共同的真相開啟對談。若能將數字轉換為真實事物──例如 Krispy Kreme 甜甜圈、城市人口統計、或是因特定疾病而去世的人數──就無須依靠直覺來相信或懷疑數字。我們能靠自己來辨別。

優秀的數字詮釋能建立起對話的基礎。人們或許會為花在 NEA（National Endowment for the Arts，美國國家藝術基金會）的 1 億 4,800 萬美元預算如此龐大而爭得面紅耳赤，但當正確數字詮釋告訴我們，這代表每位美國國民的一年稅金約 25 分錢被用於 NEA，大家在辯論此預算時，定能更加理性。若將重大預算開支，換算成需要為支付該預算工作多

少個星期，我們就能更冷靜地看待哪些開支才是花費最多稅金的元兇，以及哪些開支是否應被刪減或增加。

驚奇造就好故事

生命中最美好的那些片段之所以美好，是因為它們讓我們感到驚喜。

最佳的數字詮釋，能滿足或是鼓勵我們的好奇心。我們或許會想：「要是我是一隻蜂鳥會是怎樣的感覺？」而答案假如只是「我有 50 倍速度的新陳代謝」，你並不會對此感到滿足。然而，「那我們就需要在每一分鐘喝下超過一罐的可樂」卻能提供我們許多重要知識，也能讓我們對不同物種間的大幅差異感到驚喜。

在著手撰寫這本關於數字的書時，沒想到的是，為本書查找數字資料竟時常感覺到多數人會聯想到大自然或宗教、但卻很少經歷的感受——驚奇。

本書中的數字讓人敬畏。用牛奶罐和冰塊來解釋這看似充滿水源的星球，其包含的飲用水如此稀少，讓人感到驚奇。螞蟻能用它們得天獨厚、遠超越人類衛星系統的天然導航系統所行進的距離，也讓人感到驚奇——那是大自然的奧妙的絕佳示範。在 1 秒鐘之內拍手四次，也同樣讓人感到驚奇——那讓我們理解並讚歎運動員的超群反應神經。在想像 100 間住宅無法被平均分配給 100 人時，對社會的不平等感到憤恨不平。而最後，在足球場上放置的 25 美分硬幣，也

對宇宙浩瀚感到驚奇。

一旦對這些事物感受過驚奇，也對它們就此改觀。驚奇感會就此重組我們看待世界萬物的優先順序；而我們也由內而外變得更加謙遜、更專注於重要事物並同時，得以暫時遠離那些微不足道的小問題。當重新檢視自己的日常作息時，能選得出哪些事情才值得專注，以及希望自己聚焦在哪些更龐大或更具意義的事情。

之所以對數字毫無頭緒，是因為人體本來就並非打造成適合算數的樣子。所有人都和你一樣。我們無法自然而然地看出大於 5 的數字，也無法在腦中做出複雜運算。

可以用數字力來做什麼？

但同時，你的確也是一個喜歡親近數字的人。這是因為你能對數字所形容的東西感到興奮。無論想要做什麼、計畫或想像，都離不開數字。而每一個數字，都能用更好的方式來詮釋，好讓你和其他人都立即理解並感受到數字含義。

無論是正準備讓球隊面對強到離譜的對手的教練、試圖說服某個小鎮節約用水之重要性的環保人士、嘗試激勵從工廠到副總在內的所有員工，好讓大家能一起面對某個看似乏味的供應鏈問題的主管；還是嘗試說服年幼學生們，只要每天肯讀一些，總有一天能讀完整本長篇小說的英文老師，數字都環繞著日常工作環境。若能妥善詮釋這些數字讓所有人理解並投注相當心力，就能更成功地執行工作。

我們相信，在多加利用、並正確地使用數字時，這世界也會隨之變得更加美好。與傳統做法相反，這不代表需要在報表中塞入更多的統計數字。事實上，這代表需要使用單位較小卻更有衝擊力的數字。數字並非背景資料、也並非無用的裝飾。數字應該是最核心的概念，而且應該闡述發人省思的故事。我們全然地相信數字。表達出數字的重點，才是最重要的關鍵。

附錄
如何讓數字更友善？

　　讓數字對使用者更加友善的黃金原則——使用數字很小的整數。

　　分數無法通過「**法則 #1：簡單比複雜更好**」。它們更費時間，並迫使人們算數。因此盡可能將分數轉換成小數點。

　　然而，小數點同樣無法通過「**法則 #2：多多使用具體數字：請使用整數**」。小數點代表了數字的一部分而非整數，這會逼著大腦將它們當成人造、不真實的東西。除非你正在報告某人的打擊率或是超市折扣，請避免使用小數點（假如在撰寫折扣資訊，最好使用四捨五入法）。

　　若需要比較許多不同數字，例如問卷回答、不同日期的降雨機率或是不同產品組合的業績預估，強烈推薦你使用百分比。

　　然而，**百分比的缺點在於不夠具體**。比起使用整數，在使用百分比做出判斷時，會犯下更多的邏輯性錯誤。若希望保留百分比利於比較的準確性，也想讓數字更有彈性，試著

使用「數籃子裡的雞蛋」策略：無論想探討的數字有多大，將其轉換成「籃子裡的 100 人」，並將百分比轉換成整數。不但能避免使用分母，同時也能保留完整資訊。

整數通常更具有意義，效果也更顯著。在正確使用四捨五入時，整數是最容易讓大腦處理的數字。除非你的受眾有特定知識，否則你該將目標設為使用簡潔俐落的整數。

以上法則有個特例：在長時間沉浸於特定文化之下，我們會學到能擊敗上述法則的工具。盡可能使用當地常見的測量系統。棒球迷對打擊率是如此著迷，請別奪走他們那看似難懂、包含小數點三位數的數字。同時，也別奪走廚師那滿是分數的 1/3 或 1/4 個量杯、或是 1/4 或 1/8 個茶匙的丈量方式。

法則 #1：請儘管四捨五入吧。

請牢記：受眾很忙碌並面臨了各種問題和抉擇。他們想看見能讓迅速理解整體事態、理解事情經過的數字──並非那些需要多花心思去思考、計算的數字。

提出對受眾不友善的數字時，事實上，這就等同於要求他們額外費心處理數字。就算那些計算過程並不難，仍舊在浪費他們的時間、精力以及耐心。還記得米勒說人腦的記憶只能記 7 樣資訊（有時是 5，有時能記得 9 樣）嗎？假如這 7 樣資訊中，有任何一樣是複雜的數字，例如：**85.37 美元加上 24% 的消費稅**，僅是這一樣資訊，便有可能耗費當下

的完整思考能力。

　　當受眾忙於花時間理解數字，就更無法宏觀性地了解議題所在。複雜、由不同單位堆疊而成的數字──880,320 公升、減少 43% 的頁數或是 267.9 公里──這些數字會迫使我們花時間處理無謂的複雜性，而無法獲得洞見。請簡化數字──將其四捨五入至 100 萬公升、減少 50% 頁數或是 300公里──並讓受眾保留足夠的腦內空間來理解議題。

艱澀、難懂、複雜而對使用者不友善：	經過四捨五入、易懂且簡單的數字：
・0.34165	・略微大於三分之一
・2/49	・大約是 1/25
・在 87 年前（Four score and seven years ago；直譯：20 年 X4 又再 7 年前）	・在 87 年前 [15]
・483×9.79	・500×10

15　請別跟偉人計較（該說法源自林肯的〈蓋茨堡演說〉（Gettysburg Address）。當你也在歷史留名時，你也同樣能無視這些數字法則。若是我們理解當時的用語，林肯的用詞應是在嘗試讓他的受眾更易於理解。在當年普遍接受的聖經版本（KJV 欽定本聖經）中，詩篇 90：10 將人們的生命長度形容為 20 年 X3 又再 10 年（一共 70 年）。林肯是在很隱晦地提醒群眾，美國歷史已經遠超他們的開國元老們，也比人類在地球上應有的壽命長。

• 有 64% 在嬰兒潮年代出生的人們（嬰兒潮世代）表示披頭四是史上最好的搖滾樂團	• 每 3 位嬰兒潮世代的人們，就會有 2 位認為披頭四是史上最棒的樂團
• 87.387 公里	• 略微少於 90 公里
• 4,753,639,000,000	• 比 5 兆少一點點

法則 #2：多用具體數字

　　請用少少幾個整數就好。最好單位也別太龐大。請盡可能地計算真實而真實的事物，而非小數點或分數。最好懂、最好理解的是 10 以下的整數。一到五是最佳選擇，因為能用單手算完、也能在瞬間用數感算完。另一方面，任何能用雙手手指算完的數字也都夠具體。

　　一般來說，分數都很難懂，分數的複雜性會迫使分心而無法聚焦於重要議題。打岔一下——那塊水果派你想吃多少？6/19 夠嗎？（我們的建議是要求吃 19/37 ！）將分數轉換為小數點能刪減掉部分數學——無須思考那些分母了！——但仍然不夠直觀。「請問你想吃 0.316 份派嗎？」

　　若聽說某間蛋場會產出 8.33% 的腐敗雞蛋，這數字看似過於抽象、好像與你無關。但買 1 打雞蛋就可能有一顆腐敗？這影響力便真實無比。但若將數字提高成在 12 打雞蛋（144 顆）中，就可能有 12 顆腐敗的蛋，這數字又看似微不足道了。一旦數字過於龐大又看似隨機——例如在 37,176

顆蛋中的 3,098 顆——這數字便幾乎毫無意義。

　　若無法使用整數，就使用百分比吧。32% 比 0.32 好上許多，因為看似整數，而在日常生活中也經常使用百分比。人們會說「有 50% 機率」，不會說「大約是 0.5 的機率」。

　　重述一次，請盡量使用日常口語化資訊：請使用「每三個當中會有一個」而非「1/3」。百分比會比小數點好：請使用「33%」而非「0.33」。最後，在面對複雜數字時，也選擇使用百分比：請使用「41%」而非「7/17」。

過多的小數點、百分比和分數	更具體、使用整數和易懂數量形容詞的語言
・希望能算我 50% 的價錢、並獲得比現在乘以二的數量	・可以讓我用一半的價錢買到多一倍的量嗎？
・請給我 50% 的餅乾	・請給我 3 塊餅乾
・增幅達到 600%	・大了 7 倍
・1/33 的學生；3% 的學生	・大約是教室中的 2 位學生
・0.001%	・10 萬個中的一個
・一張披薩的 12.5%；1/8 張披薩	・給我一片披薩！
・12.5% 的女性會得到乳癌	・每八位女性就會有一位得到乳癌

・票券銷售量下降了 95%	・假如先前能賣出 100 張票，現在只能賣出 5 張

法則 #3：請尊重專家

　　請用受眾熟悉的語言與他們溝通。若是受眾已經明白該如何使用某種數字，就使用那種數字吧。數字詮釋最基本的目的便是在於讓人理解。我們平常不會建議使用三位數小數點的機率來表示成功率，但比起「30% 的擊中可能」或是「在 10 次當中會有 3 次打中球的可能」，棒球迷會更加了解「打擊率 0.300」。

　　因此，請使用受眾的既有知識吧，用他們最熟悉的方式來呈現資料。對一般人而言，指數率（exponent）並非日常需要用到，也不是他們想看見的統計數據。但對於經常使用 10 次方的科學家而言，科學計數法能讓數字更簡單明確。時常購物的人了解店家折扣、棒球迷了解打擊率，而做市場調查和民調的人，也能直覺理解百分點。請尊重專家，提供最適合他們的資訊。

面對一般大眾	尊重受眾的專業
・每四次當中會有一次	・面對棒球迷：0.253 打擊率

・2 分鐘	・面對賽馬迷：2:03.98
・幾乎是五次會有一次的機率	・面對賭馬迷：3 比 13 的賠率
・3 英吋	・面對建築業人士：2 又 7/8 英吋
・這件襯衫比較便宜	・面對經常購物的人士：65 折（便宜 35%）
・一次輕微的地震	・面對住在洛杉磯的人士：芮氏規模 3.3 級的地震
・在紐約市中心的一間一般大小的公寓	・面對房仲業者（或是經常搬家的紐約人）：775 平方英呎
・一兆	・面對科學家們：1×10^{12}

國家圖書館出版品預行編目 (CIP) 資料

用數字說出好故事：史丹佛教授的 18 堂資訊科學課，學會一流
人才的數據溝通力／奇普・希思,卡拉・史塔爾著；向名惠譯.
-- 初版 . -- 臺北市：城邦文化事業股份有限公司商業周刊,
2022.06
192 面；14.8x21 公分
ISBN 978-626-7099-49-0（平裝）

1. CST：數字　2. CST：數學　3. CST：通俗作品

310　　　　　　　　　　　　　　　　　　　　111005853

用數字說出好故事

作者	奇普・希思（Chip Heath）、卡拉・史塔爾（Karla Starr）
譯者	向名惠
商周集團執行長	郭奕伶
視覺顧問	陳栩椿
商業周刊出版部	
總監	林雲
責任編輯	盧珮如
封面設計	賴維明
內文排版	葉欣玫
出版發行	城邦文化事業股份有限公司商業周刊
地址	104 台北市中山區民生東路二段 141 號 4 樓
	電話：(02)2505-6789　傳真：(02)2503-6399
讀者服務專線	(02)2510-8888
商周集團網站服務信箱	mailbox@bwnet.com.tw
劃撥帳號	50003033
戶名	英屬蓋曼群島商家庭傳媒股份有限公司城邦分公司
網站	www.businessweekly.com.tw
香港發行所	城邦（香港）出版集團有限公司
	香港灣仔駱克道 193 號東超商業中心 1 樓
	電話：(852) 2508-6231　傳真：(852) 2578-9337
	E-mail：hkcite@biznetvigator.com
製版印刷	中原造像股份有限公司
總經銷	聯合發行股份有限公司 電話：(02) 2917-8022
初版 1 刷	2022 年 6 月
定價	320 元
ISBN	978-626-7099-49-0（平裝）

藍學堂

學習・奇趣・輕鬆讀